海底电缆技术及应用发展报告

中国电力科学研究院有限公司　组编
浙江舟山海洋输电研究院有限公司　主编

中国水利水电出版社
www.waterpub.com.cn
·北京·

内 容 提 要

本书从政、产、学、研、用各个方面对海底电缆的发展现状、主流技术、典型工程、国内外差异、发展趋势进行了全面而深入的梳理与分析。全书共分5章，主要包括海底电缆发展现状、海底电缆技术、典型海底电缆工程、国内外重要海底电缆技术差异分析、海底电缆发展趋势预测及对策等。

本书可供从事海底电缆研究、设计、制造和施工等专业的人员参考使用。

图书在版编目（CIP）数据

海底电缆技术及应用发展报告 / 浙江舟山海洋输电研究院有限公司主编 ; 中国电力科学研究院有限公司组编. -- 北京 : 中国水利水电出版社, 2023.8
ISBN 978-7-5226-1257-7

Ⅰ. ①海… Ⅱ. ①浙… ②中… Ⅲ. ①海底－电力电缆－工程技术－研究报告－中国 Ⅳ. ①TM247

中国国家版本馆CIP数据核字(2023)第048445号

审图号：GS京（2023）1261号

书 名	**海底电缆技术及应用发展报告** HAIDI DIANLAN JISHU JI YINGYONG FAZHAN BAOGAO
作 者	中国电力科学研究院有限公司 组编 浙江舟山海洋输电研究院有限公司 主编
出版发行	中国水利水电出版社 （北京市海淀区玉渊潭南路1号D座 100038） 网址：www.waterpub.com.cn E-mail：sales@mwr.gov.cn 电话：（010）68545888（营销中心）
经 售	北京科水图书销售有限公司 电话：（010）68545874、63202643 全国各地新华书店和相关出版物销售网点
排 版	中国水利水电出版社微机排版中心
印 刷	清淞永业（天津）印刷有限公司
规 格	184mm×260mm 16开本 9.75印张 202千字
版 次	2023年8月第1版 2023年8月第1次印刷
印 数	0001—2000册
定 价	**78.00**元

编 委 会

组编单位 中国电力科学研究院有限公司

主编单位 浙江舟山海洋输电研究院有限公司

成员单位 中能国研（北京）电力科学研究院

国网智能电网研究院有限公司

国网浙江省电力有限公司电力科学研究院

中国南方电网有限责任公司超高压输电公司广州局

国网福建省电力有限公司电力科学研究院

中国电建集团华东勘测设计研究院有限公司

中国电力工程顾问集团中南电力设计院有限公司

上海电缆研究所有限公司

西安交通大学

青岛科技大学

美国国际铜专业协会

浙江启明海洋电力工程有限公司

上海海能先源科技有限公司

中天科技海缆股份有限公司

宁波东方电缆股份有限公司

江苏亨通高压海缆有限公司

苏州光格科技股份有限公司

Foreword

前言

在碳达峰、碳中和的“双碳”背景下，我国正在深入推进能源革命，加快建设适合我国国情、有更强新能源消纳能力的新型电力系统。海底电缆是海上可再生能源获取及传输的重要途径之一，其在海洋风能利用方面的独特优势使之成为世界战略性技术之一。经过100多年的发展历程，国际上在海底电缆的材料技术、设计技术、敷设安装技术、运维技术等方面日臻成熟。我国海底电缆技术起步晚，任务艰，但需求迫切，发展势头迅猛。

为此，编者诚邀国内海底电缆领域专家，撰写《海底电缆技术及应用发展报告》，从政、产、学、研、用各个方面对海底电缆的发展现状、主流技术、典型工程、国内外差异、发展趋势进行了全面而深入的梳理与分析。第1章介绍了海底电缆的发展现状，列举了国际和国内的海底电缆主要应用项目。第2章从电缆设计方法、制造工艺、施工技术、运维策略等方面梳理了海底电缆技术，阐明了不同材料的优缺点及结构设计应考虑的因素；并对海底电缆敷设技术进行了详细讲解，包括前期准备、过缆作业、现场准备、始端登陆、海中段敷设、终端登陆、管线交越施工、海底电缆保护、质量检查与验收和环保措施；最后对包括智能监测技术、巡视检查、故障检测及定位技术和应急处置技术在内的海底电缆的运维技术进行了分析。第3章以浙江舟山500kV联网工程和英国Hornsea海上风电工程为典型案例深入分析了海底电缆工程情况。第4章对国内外重要海底电缆技术差异进行分析，对比了国内外典型的地理环境与电缆使用条件，讨论了包括导体选型和绝缘材料（内护套）选型在内的电缆结构型式的差异，描述了不同的接地方式及海底电缆施工船船型和海底电缆埋设开沟机等，对比了国内外海底电缆的运维技术。第5章对海底电缆的发展趋势进行了分析，对于海底电缆主要应用场景，即沿海城市及岛屿互联、海上石油平台、海上风电国内外市场进行了趋势分析，对海底电缆制造材料、制造结构及应用规模进行了发展趋势预测及对策讨论。

恰逢我国开启“双碳”目标的开局阶段，希望本书为我国制定海底电缆发展政策提供技术支撑，为海底电缆相关从业技术人员提供有益参考，起到抛砖引玉之作用，凝聚我国政、产、学、研、用优势力量，突破新型电力系统下海底电缆关键技术，服务我国海上风电发展重大需求和国家能源战略。

编者

2023年6月

Contents 目录

第1章

海底电缆发展现状

1.1 海底电缆概述

海底电缆（图1.1）是一种在海平面下传输电能的电缆，虽然通常和海洋联系在一起，但是海底电缆也并不总是使用于海水中，也会使用在江河湖泊的淡水中。

图1.1 海底电缆

世界上对于海底电缆的研究和使用已经超过100年，海底电缆在近几十年得到了更加广泛的应用。早期的海底电缆主要应用于由大陆向近海或者孤立的水上设备（比如石油平台）乃至海岛实施供电。20世纪60年代，跨海峡、跨国乃至跨洲的电力输送和电力交易成为了研究和市场关注的热点，带来了海底电缆应用的全新领域。近年来，随着可再生能源的快速发展，近海风电场大量投运，海上风电能源输送的需求又扩大了海底电缆的市场。目前，海底电缆输电工程的应用领域主要集中在区域跨海电网互联、海洋孤岛送电联网以及石油平台供电、海上可再生能源发电并网。

1.2 海底电缆的应用

在海底电缆的发展过程中，海底电缆的应用一直在不断演变，近年来，一些主要应用项目来自于电力跨国联网和海上风电这两方面。随着时间、能源格局以及国内外“双碳化”进程的不断推进，后期的电力跨国联网和海上风电仍将成为海底电缆应用的主要领域。

海底电缆应用的具体项目情况见表1.1～表1.3。

目前从产品分类来说，海底电缆的应用主要包括以下领域：

（1）沿海城市及岛屿用海底电缆。靠近大陆的海岛或半岛通常使用海底电缆和陆上电网进行网架联接，在这样的使用场景下，海底电缆可以摒弃使用柴油发电机这类

表 1.1　全球已投运的部分高压交流长距离海底电缆项目

序号	项目所在国	竣工年份	项目名称	回路数量	电压等级/kV	最高电压/kV	传输容量/MVA	回路长度/km	导体截面/mm^2	导体材质	绝缘类型	电缆类型
1	西班牙	1973	Mallorca - Minorca	1	132	145		42	500	铜	SCFF	单芯
2	瑞典	1973	Ålandinterconnection	1	84		35	55	185	铜	XLPE	单芯
3	瑞典—丹麦	1979	Bornholm connection	1	60	72		44	240	铜	XLPE	三芯
4	加拿大	1984	BC Hydro - Vancouver	2	525	525	1200	38	1600	铜	SCFF	单芯
5	西班牙—摩洛哥	1997	Spain - Morocco Interconnection	1	400	420	700	28	1600	铜	SCFF	单芯
6	瑞典	2000	Ålandinterconnection	1	110	123	80	63	240	铜	XLPE	三芯
7	英国	2000	Isle of Man to England Interconnector	1	90		40	104	300	铜	XLPE	三芯
8	丹麦	2003	Horns Rev	1	150	170	160	55	630/1200	铜/铝	XLPE	三芯/单芯
9	日本	2005	Matsushima - Narao	2	66	73	120	53	325	铜	XLPE	三芯
10	沙特阿拉伯—巴林	2006	GCCIA Interconnection	2	400	420	1200	51	2000	铜	SCFF	单芯
11	西班牙—摩洛哥	2006	Spain - Morocco Interconnection	1	400	420	700	33	1600/800	铜	SCFF	单芯
12	阿联酋	2006	Delma Island	1	145	145	100	42	300	铜	XLPE	三芯
13	加拿大	2008	Vancouver Island Transmission Reinforcement Project	1	242	245	600	38	1600	铜	SCFF	单芯
14	德国	2008	Alpha Ventus	1	110	123	60	60	240	铜	XLPE	三芯
15	中国	2009	海南—广东	2	525	525	740	32	800	铜	SCFF	单芯
16	丹麦	2009	Horns Rev 2	1	150	170	209	100	630/1200	铜/铝	XLPE	三芯/单芯
17	英国	2009	Sheringham Shoal	2	132	145	317	43	630/1000/1400	铜	XLPE	三芯/单芯
18	比利时	2010	Belwind	1	150	170	165	52	500/630	铜	XLPE	三芯
19	丹麦	2010	Lolland - Zealand	2	145	145	200	47		铝	XLPE	单芯
20	挪威	2010	Gjoa	1	115	123	40	100	240	铜	XLPE	三芯

续表

序号	项目所在国	竣工年份	项 目 名 称	回路数量	电压等级 /kV	最高电压 /kV	传输容量 /MVA	回路长度 /km	导体截面 /mm^2	导体材质	绝缘类型	电缆类型
21	坦桑尼亚	2010	Pemba - Tanga（Zanzibar）	1	33	36	25	75	630	铜	XLPE	三芯
22	德国	2011	Baltic 1	1	150	170	260	61	1200	铜	XLPE	三芯
23	泰国	2011	Koh Samui 2	1	115	123	100	55	500/800	铜	XLPE	三芯
24	英国	2011	Walney Phase 1 Wind Farm	1	132	145	192	46	630	铜	XLPE	三芯
25	比利时	2012	Northwind	1	225	245	400	42	1000/1200	铜	XLPE	三芯
26	丹麦	2012	Anholt Wind Farm	1	235	245	400	84	1600/2000	铝	XLPE	三芯 /单芯
27	英国	2012	Greater Gabbard Wind Farm	3	132	145	504	46	800	铜	XLPE	三芯
28	英国	2012	Ormonde Wind Farm	1	132	145	158	46	800	铜	XLPE	三芯 /单芯
29	英国	2012	Walney Phase 2 Wind Farm	1	132	145	184	49	630	铜	XLPE	三芯 /单芯
30	德国	2013	Baltic 2	1	150	170	260	57	1200	铜	XLPE	三芯
31	挪威	2013	Goliat	1	123	123	75	107	300	铜	XLPE	三芯
32	沙特阿拉伯	2013	Oil Platformconnection	1	230	245	155	45	630	铜	XLPE	三芯
33	沙特阿拉伯	2013	Oil Platformconnection	1	115	123	62	43	400	铜	XLPE	三芯
34	英国	2013	Lincs Wind Farm	2	132	145	270	60	630	铜	XLPE	三芯
35	英国	2013	London Array Phase 1 Wind Farm	4	150	170	630	55	630/800	铜	XLPE	三芯
36	越南	2013	Phu Quoc	1	110	123	131	56	400	铜	XLPE	三芯
37	德国	2014	Riffgat	1	155	170	113	51	630	铜	XLPE	三芯
38	意大利—马耳他	2014	Malta - Sicily	1	230	245	225	126	630/1000	铜/铝	XLPE	三芯 /单芯
39	沙特阿拉伯	2014	Island to Mainland Connection	2	230	245	140	20	400	铜	XLPE	三芯
40	英国	2014	West of Duddon Sands	2	155	170	389	44	1000	铜	XLPE	三芯 /单芯
41	意大利	2015	Sorgente - Rizziconi	2	380	420	2000	47	2500/1500	铜/铝	XLPE /SCFFPPL	单芯

续表

序号	项目所在国	竣工年份	项目名称	回路数量	电压等级/kV	最高电压/kV	传输容量/MVA	回路长度/km	导体截面/mm^2	导体材质	绝缘类型	电缆类型
42	挪威	2015	Martin Linge	1	145	145	55	162	300	铜	XLPE	三芯
43	沙特阿拉伯	2015	Oil Platformconnection	1	115	123	90	87	500	铜	XLPE	三芯
44	西班牙	2015	Mallorca - Ibiza	2	132	145	118	126	300/800	铜	XLPE	三芯
45	英国	2015	Humber Gateway	2	132	145	219	44		铜	XLPE	三芯/单芯
46	英国	2015	Kintyre - Hunterston	2	220	245	240	41	400	铜	XLPE	三芯
47	日本	2016	Kawasaki - ToyosuLine	3	275	300	1710	22	2500	铜	XLPE	三芯
48	荷兰	2016	Gemini	2	220	245	600	102		铜	XLPE	三芯
49	卡塔尔	2016	Ras Laffan - HalulIsland	2	132	145	100	102	500/800	铜	XLPE	三芯
50	挪威	2017	Kollsnes - Mongstad	1	420	420	300	30	1200	铜	XLPE	单芯
51	法国	2018	Saint NazaireWindfarm	2	225	245	480	33			XLPE	三芯
52	法国	2018	Baie de Saint BrieucWindfarm	2	225	245	496	32			XLPE	三芯
53	阿联酋	2018	NASR Full Field	1	132	145	140	147	400/1000	铜	XLPE	三芯
54	西班牙		Mallorca - Minorca 2	1	132	145	118	68	300/800	铜	XLPE	单芯

表 1.2　全球已投运以及在建的部分联网用高压直流长距离海底电缆项目

序号	项目名称	联网国家或地区	所在海域	传输容量/MW	电压等级/kV	回路长度/km	投运年份	系统模式
投运项目部分								
欧洲								
1	NorNed	挪威—荷兰	北海	700	450	580	2007	双极
2	SAPEI	意大利	第勒尼安海	1000	500	420	2012	双极
3	SACOI	意大利—法国	第勒尼安海	300	200	121	1968	单极
4	HVDC Italy - Greece (Grita)	意大利—希腊	爱奥尼亚海	500	400	160	2001	单极
5	East - West Interconnector	英国—爱尔兰	爱尔兰海	500	200	186	2012	对称单极

续表

序号	项 目 名 称	联网国家或地区	所在海域	传输容量/MW	电压等级/kV	回路长度/km	投运年份	系统模式
6	BritNed	英国—荷兰	北海	1000	450	240	2011	双极
7	SwePol	瑞典—波兰	波罗的海	600	450	239	2000	单极
8	Baltic Link	瑞典—德国	波罗的海	600	450	231	1994	单极
9	Skagerrak Ⅰ	丹麦—挪威	波罗的海	250	250	127	1977	单极
10	Skagerrak Ⅱ	丹麦—挪威	波罗的海	250	250	127	1977	单极
11	Skagerrak Ⅲ	丹麦—挪威	波罗的海	440	350	127	1993	单极
12	Skagerrak Ⅳ	丹麦—挪威	波罗的海	700	500	137	2014	单极
13	Cometa HVDC	西班牙	地中海	400	250	244	2012	双极
14	Fennoskan 1	瑞典—芬兰	波的尼亚湾	500	400	200	1989	双极
15	Fennoskan 2	瑞典—芬兰	波的尼亚湾	800	500	200	2011	双极
16	EstLink 1	爱沙尼亚—芬兰	芬兰湾	350	150	74	2006	双极
17	EstLink 2	爱沙尼亚—芬兰	芬兰湾	650	450	145	2014	单极
18	Kontek	德国—丹麦	波罗的海	600	400	52	1995	单极
19	Gotland Ⅰ	瑞典	波罗的海	30	150	98	1954	单极
20	Gotland Ⅱ	瑞典	波罗的海	130	150	92	1983	单极
21	Gotland Ⅲ	瑞典	波罗的海	130	150	92	1987	单极
22	HVDC Cross－Channel	法国—英国	英吉利海峡	2000	270	46	1986	双极
23	HVDC Moyle	英国	爱尔兰海	500	250	55	2001	单极
24	Storebælt	丹麦	波罗的海	600	400	32	2010	单极
25	Kontiskan 1	丹麦—瑞典	卡特加特海峡	250	285	21	1965	双极
26	Kontiskan 2	丹麦—瑞典	卡特加特海峡	300	285	21	1988	双极
美洲								
27	Neptune Cable	美国	下纽约湾	660	500	80	2007	双极

续表

序号	项 目 名 称	联网国家或地区	所在海域	传输容量/MW	电压等级/kV	回路长度/km	投运年份	系统模式
28	Trans Bay Cable LLC	美国	旧金山湾	400	200	85	2010	双极
29	Vancouver Island Pole 1	加拿大	乔治亚海峡	312	260	33	1968	双极
30	Vancouver Island Pole 2	加拿大	乔治亚海峡	370	280	33	1977	双极
31	Cross Sound Cable	美国	长岛海峡	330	150	39	2005	双极
亚洲								
32	HVDC Leyte - Luzon	菲律宾	圣贝纳迪诺海峡	440	350	21	1988	单极
33	HVDC Hokkaidō - Honshū	日本	津轻海峡	300	250	44	1979	单极
34	Kii Channel HVDC system	日本	纪伊海峡	1400	250	50	2000	双极
大洋洲								
35	HVDC Inter - Island	新西兰	库克海峡	1200	350	40	1965	双极
36	Basslink	澳大利亚	巴斯海峡	500	400	290	2006	单极
在建项目部分								
欧洲								
1	Ice Link	爱尔兰—英国		1200		1170	2022	
2	NorGer	挪威—德国	北海	1400	450	630		双极
3	NSN Link	英国—挪威	北海	1400		711	2021	双极
4	NorthConnect	苏格兰—挪威	北海	1400	500	650	2025	
5	Nord. Link	挪威—德国		1400	525	500	2020	
6	NordBalt HVDC	瑞典—立陶宛	波罗的海	700	400	400	2015	
7	UK Western Link	英国	北海峡	2200	600	385	2016	双极
8	Interconnexion France - Angleterre (IFA 2)	法国—英国	英吉利海峡	1000		208	2020	
9	Nemo Link	比利时—英国	英吉利海峡	1000	400	130	2019	

续表

序号	项目名称	联网国家或地区	所在海域	传输容量/MW	电压等级/kV	回路长度/km	投运年份	系统模式
10	Euro - Asia Interconnector	以色列—塞浦路斯—希腊	地中海	2000		1000	2022	
美洲								
11	Labrador - Island Link	加拿大	贝尔岛海峡	900	315	35		
12	Maritime Link Project	加拿大	圣劳伦斯海湾	500	200	170	2017	
亚洲								
13	HVDC Sumatra - Java	印度尼西亚	马六甲海峡	3000	500	35	2017	
14	India - Sri Lanka Power Link	印度—斯里兰卡	保克海峡	1000	400	39		

表 1.3　我国已投运的部分重要高压海底电缆项目

项目编号	投运年份	电压等级/kV	项目名称	海底电缆型号规格	供货海底电缆长度/km	传输容量
1	2011	110	舟山 110kV 大衢输变电扩建项目	HYJQ41 - 64/110kV - 1× $630mm^2$ +2×12B1	13.97+14.162+14.325	130MVA
2	2012	110	舟山 110 kV 金塘—大黄蟒山海底电缆项目	HYJQ41 - 64/110kV - 1× $500mm^2$ +2×12B1	6×6.7	
3	2014	110	阳江 110kV 海陵岛第三回线路工程项目	HYJQ41 - 64/110kV - 1× $800mm^2$ +2×12B1	10.233	
4	2013	110	珠海桂山海上风电项目	HYJQ41 - F 64/110kV - 3×500+2×36B1	40	104MVA
5	2014	220	江苏响水近海风电场项目	HYJQ41 - 127/220kV - 3×500+2×36C	12.9	202MVA
6	2017	220	国家电投滨海南区 H3# 300 MW 海上风电场项目	HYJQ41 - 127/220kV - 3×400+2×36C	2×33.8	

续表

项目编号	投运年份	电压等级/kV	项 目 名 称	海底电缆型号规格	供货海底电缆长度/km	传输容量
7	2018	220	莆田平海湾海上风电场F区项目送出工程	HYJQF41－F 127/220kV－3×630＋3×36B	22.83	
8	2019	220	浙江嵊泗5＃、6＃海上风电项目	HYJQF41－127/220kV－3×1000＋2×36C	60.5	
9	2020	220	三峡新能源阳西沙扒三、四、五期海上风电项目	HYJQF41－127/220－3×1000mm^2＋2×（44B1＋4A1a）	3×33.6	
10	2016	220	大唐滨海风电项目	HYJQF41－127/220kV－1×800＋2×16C	69.6	300MVA
11	2016	220	江苏东台200 MW海上风电项目	127/220kV－1×500＋2×12C	3×34	
12	2017	220	唐山乐亭菩提岛海上风电场项目	127/220kV－1×800mm^2＋2×（44B1＋4A1a）	3×15.5	
13	2017	220	莆田南日岛海上风电场一期项目	HYJQ71－F 127/220kV－1×1600mm^2＋3×12	4×11.8	
14	2018	500	宁波—舟山群岛500 kV输变电工程项目	HYJQF41－290/500kV－1×1800 mm^2	3×35.65	1100MVA
15	2013	±160	南澳±160kV直流输电工程项目	DC－HYJQ41－F－160kV－1×500＋2×16B1＋2×2A1b＋DC－YJLW03－160kV 1×500	2×（10.3＋8.3）	200 MW
16	2014	±200	舟山±200kV定海—岱山直流海底电缆工程项目	DC－HYJQ41－F－200kV－1×1000＋2×12B1	2×48	400MW
17	2020	±400	江苏如东1100 MW海上风电项目	DC－HYJQ41－F－400kV－1×1600＋2×24B1＋ZA－DC－YJQ03－400kV－1×1600	2×108	1100MW

低效发电手段向岛屿供电，还可以增强海岛或半岛区域的电力网架结构的稳定性。比如海南联网项目以及舟山群岛联网项目等都是使用海底电缆连接了海岛和陆上电网。

（2）跨国电网互联用海底电缆。随着大容量海底电缆的出现，各国电网都逐步开始实现网架互联，例如利用 HVDC 技术实现跨国家（例如希腊—意大利、摩洛哥—西班牙、丹麦—瑞典、瑞典—德国、英国—法国）电网之间的互联互通。由于处在不同的时区，或因不同的用电习惯，跨国互联电网的峰值负荷出现在一天的不同时刻。采用海底电缆输电，就可以共享发电容量，合理错开用电高峰，满足电能使用需求。

（3）海上石油钻探平台用海底电缆。石油和天然气的近海钻探平台将原油或天然气抽出钻井需要消耗大量的电能。根据本地环境和作业条件，电能的需求显著不同。许多钻探平台的电力来源于使用平台自身生产的天然气低效运转的汽轮机或燃气轮机。同时，钻探平台上的发电厂占用宝贵的场地，其运行和维护人员也有额外的居住和交通需求。所有这些都使钻探平台上的发电成本高昂，随着电能需求的增加，通过海底电缆将平台与大陆上的电网联接成为可行。

（4）河流湖泊等水下电缆。架空线路的跨越长度可以达到 3km，但对于经济发达地区和自然保护区而言，架空线路对于环境的影响还是非常直接的。除了对环境面貌的影响外，在航道上架设的架空线路的高度也是一个重要的影响因素。采用海底电缆就可以消除架空线路对海峡和河道中航行的船舶造成的高度限制。同时，针对建造江河、湖泊以及水库大坝的需要，水下电缆应用得越来越广泛，主要分布在长江、黄河、怒江、钱塘江、珠江等地方。

（5）近海风力发电及输电用海底电缆。近海风电场（5～50m 水深）包含多台海上风力发电机组，各风电机组间的距离通常为 300～800m。通过海底的集电电缆网络可实现风电机组之间的互联，电能经海底电缆汇流至海上升压站，通过送出电缆将电力送至岸上。

对于包含许多风电机组的大输出功率近海风电场，或距离陆地较远的风电场，采用中压传输至陆上产生的损耗可能相当大，采用高压输送会更加经济。在较大的近海风电场中，风电机组通过中压海底电缆连接至海上升压站，再将电能送至岸上。运行电压在 220kV 及以上的三芯海底电缆多用在距离超过 30km 的场合，对于距离在 90km 及以上的场合，一般使用高压直流电缆。

（6）海底电缆的其他应用。中压和低压海底电缆还应用在一些小范围领域，主要在以下方面：

1）石油和天然气生产用电缆。海上钻井通常位于海水中，其中一些设备（如各种类型的潜水泵和压缩机）则需要布置在水位较深的海床上，各类的石油和天然气的电气连接装置都需要海底电缆来完成电力供应。

2）脐带电缆。在一根脐带电缆中，可包含任何型式的电力电缆线芯、信号电缆、输液管道、液压管道等。它们用于海床上的石油和天然气装置以及水下机器人（ROV）。

3）管道加热电缆。海底管道有时需要电加热，以防止产生蜡和水合物沉积物。管道本身作为加热元件，通过无金属阻水层的大截面交联聚乙烯绝缘电力电缆供给电能。

1.3 海底电缆国内外发展现状

1.3.1 海底电缆国际发展现状

经过 100 多年的发展，目前国际上对于海底电缆系统技术总体上可以分为长距离传输功率统一化、提高最大允许敷设深度、提升不同绝缘材料的传输电压水平等几个环节进行讨论。

1. 长距离传输功率统一化

为了逐步提升海底电缆的传输功率，除了动态监控载流能力外，在不同的区域采用不同尺寸的海底电缆也是一项技术趋势。在同一根海底电缆上采用多种尺寸的电缆导体，并在不同的电缆之间完成工厂接头连接，这项技术可确保当电缆所处的环境不同时（例如在海岸和海床之间），海底电缆系统可以获得相同的传输能力。表 1.4 为电缆传输容量为 1GW、直流电压为 525kV 的海底电缆项目（图 1.2）不同分段的导体尺寸，工厂接头结构如图 1.3 所示。与常规海底电缆选型以热瓶颈为导体截面选择依据不同，分段导体技术使得海底电缆的敷设环境不再过多受限，在确保整体的输送容量的前提下，极大地保障了海底电缆投资的经济性。

表 1.4　导体尺寸差异（传输容量 1GW、直流电压 525kV）

<table>
<tr><th rowspan="2">区　域</th><th rowspan="2">安装环境</th><th colspan="2">导体尺寸/mm^2</th></tr>
<tr><th>具备多尺寸导体连接能力</th><th>不具备多尺寸导体连接能力</th></tr>
<tr><td rowspan="3">海上到平台段</td><td>登陆段</td><td>1800</td><td rowspan="3">2000</td></tr>
<tr><td>海底段（直埋）</td><td>1200</td></tr>
<tr><td>平台段（J 型管）</td><td>2000</td></tr>
<tr><td rowspan="3">平台到平台段</td><td>平台段 1（J 型管）</td><td>2000</td><td rowspan="3">2000</td></tr>
<tr><td>海底段（非直埋）</td><td>1000</td></tr>
<tr><td>平台段 2（J 型管）</td><td>2000</td></tr>
</table>

2. 提升最大允许敷设深度

超过 66（72）kV 电压等级的海底电缆应尽量采用带金属护层的干式设计以防止水树效应。传统的金属护层是铅或铅合金护套，由于其自重因素和耐蠕变性能差的缺

图 1.2 HVDC XLPE 海底电缆

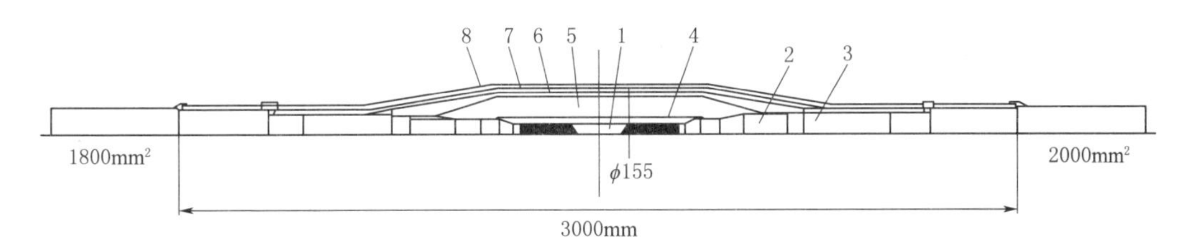

图 1.3 工厂接头结构

1—导体焊接；2—电缆的绝缘层；3—绝缘屏蔽层；4—导体屏蔽层；
5—加强绝缘层；6—外半导电层；7—铅护套；8—PE 层

点，在动态海底电缆应用或深海敷设环境中无法使用。在这样的应用条件下，采用焊接铜护套是一个全新的技术方向。

虽然铜护套的短路电流载流面积要小于铅护套，但是由于铜金属电阻率低、使用温度高的特点，其通流容量往往和铅护套相当，甚至更优。更重要的是，采用了铜护套的海底电缆直径小、总重轻，可以在较低的电缆线密度下增加输电容量。同时，采用焊接铜护套的电缆由于线密度更小更轻，可以将电缆敷设到比以往更深的水域。

除了重量优势外，焊接铜护套还具有更为优异的抗疲劳性能，使得浮式海上平台的并网成为可能。在采用了焊接铜护套技术后，电缆的最高电压也得以进一步提升，整体水平将提升到 66kV 乃至更高的级别。

和金属护套类似，铠装材料的轻量化（即非金属化）是另一大技术趋势。

海底电缆整体设计参数之一是最大允许敷设深度，而允许敷设深度中的重要参数是海底电缆重量。目前普遍采用的铠装设计主要基于耐腐蚀的拉拔丝，如碳钢，为结构提供了更高的轴向刚度，可以减少电缆的总体延伸率。

而由于其本体重量和拉伸强度的比例关系，使用钢丝铠装的海底电缆，其最大允许敷设深度被限制在 1500m（高压直流）和 800m（高压交流）附近，而某些高压电缆、海底脐带电缆和光缆的需求已经超过3000m。由于海底电缆铠装结构和重量的限制，使得传输路由选择存在很大的障碍。因此在聚乙烯护套中嵌入高模量纤维，制成加强单丝，应用于3000m水深的海底电缆中。此类设计成为了结构变化的另一大趋势。

3. 提升不同绝缘材料的传输电压水平

随着配电系统运营商（DSO）和输电系统运营商（TSO）越来越重视电力电缆的可持续性和低碳排放问题。欧洲的产品制造商们提出了一系列结构化的方法来应对低碳化趋势。DSO和TSO向电缆制造商提出，在短期和长期内提供对环境更具可持续性的电缆。采用HPTE和50%再生HDPE的绝缘材料（如图1.4所示的HPTE型高压缆）可以使用更多的可回收材料方案作为备选，不久以后，此类改进设计将有望作为设计基准，在行业里推行低碳排放的系列解决方案。

图1.4　HPTE型高压缆

除了电缆结构设计的变化外，海底电缆的电压快速提高以及直流化也是重要的技术趋势之一。自100多年前第一条海底电缆投入使用以来，海底电缆的适用电压等级逐步攀升。随着绝缘材料和制造水平的大幅度改进，海底电缆在近20年来出现了跨越式发展；2000年左右，首条500kV海底电缆投运；2018年，采用600kV海底电缆的英国西部联网项目投运，该项目为目前全球电压等级最高的海底电缆项目。

海底电缆电压等级演变和目前的电压等级情况如图1.5所示。

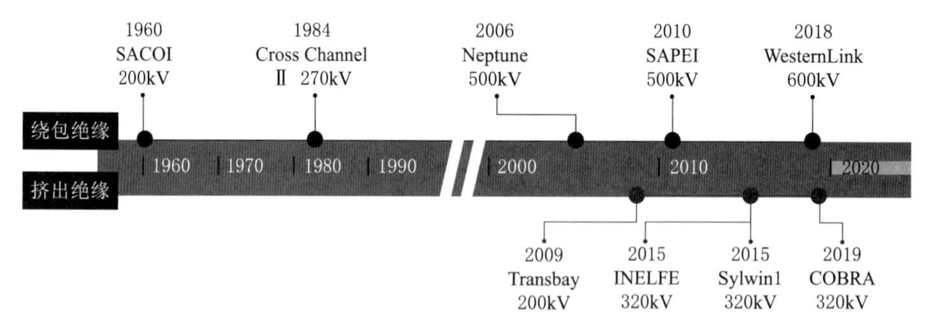

图1.5　电压等级演变和目前的电压等级情况

除了电压提升外，海底电缆由于通道地域的广泛性，对于敷设深度的要求也日益严苛。截至目前，海底电缆敷设深度最深的项目为2010年的意大利撒丁岛—本岛联网项目，项目敷设的最深处达到1600m。海底电缆敷设深度演变和目前的敷设深度情况如图1.6所示。

此外，随着能源结构的调整，长距离、大容量的跨国输电项目以及能源输送项目

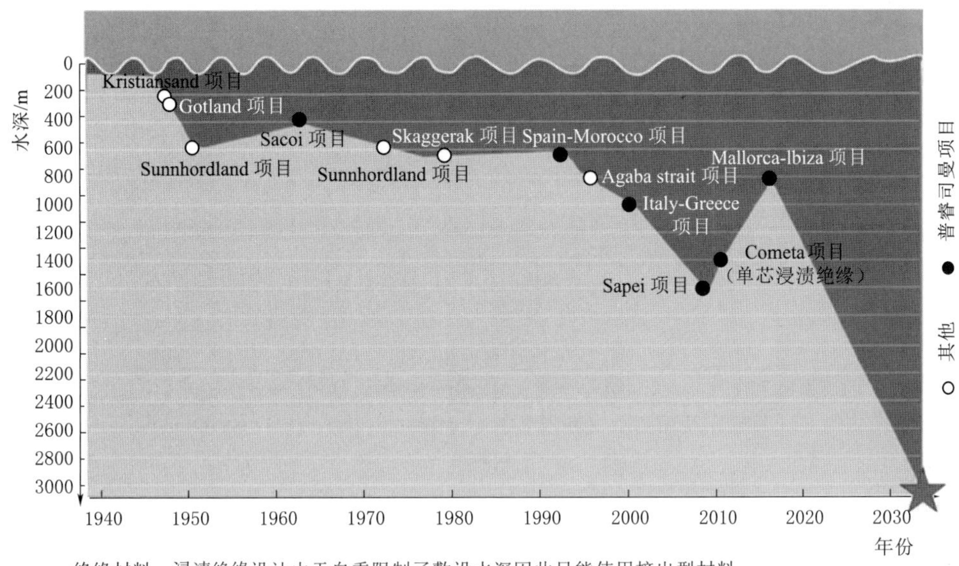

图 1.6　海底电缆敷设深度演变和目前的敷设深度情况

也层出不穷，不断挑战着海底电缆输送容量和输送距离的上限。截至 2022 年，海底电缆系统最高的传输容量为 3GW（单回路输送），最长的传输距离达到 1170km（单系统）。海底电缆传输容量的现状和差距如图 1.7 所示。

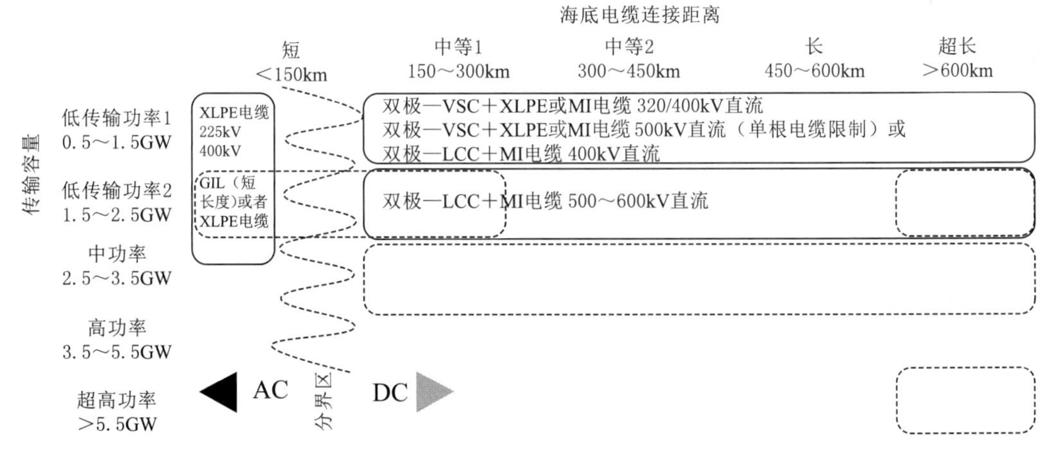

图 1.7　海底电缆传输容量的现状和差距

随着输送容量的提升，在确定电缆的设计时，需要考虑电缆的动态载流量还是静态载流量成为了电力用户的一项选择，由于最大传输容量和受最严重热影响的部分往往是动态存在的，在整个电缆长度上通常位于不同的热阻和热环境下，因此在可变电源的情况下（例如海上风力发电），并不总是在每一个输送点都会同时达到最大输送容量。因此，确定最终电缆导体尺寸就成为了一大技术必然，国际上目前普遍使用动态载流评价（DR）系统（图 1.8），在监测电缆温度的同时，系统性地反馈传输能力（图 1.9），以适应不同的使用情况。

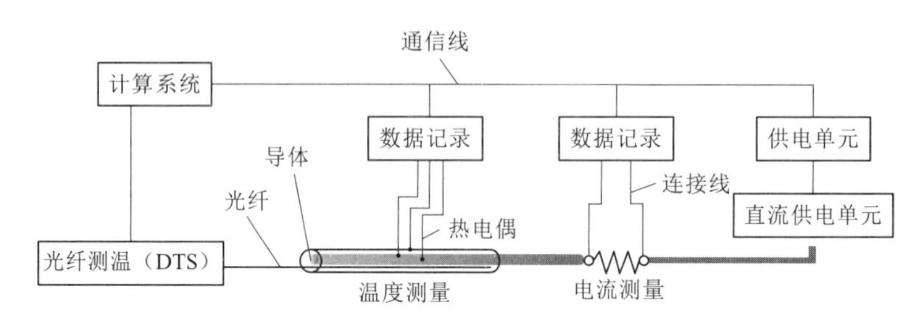

图 1.8　动态载流评价系统

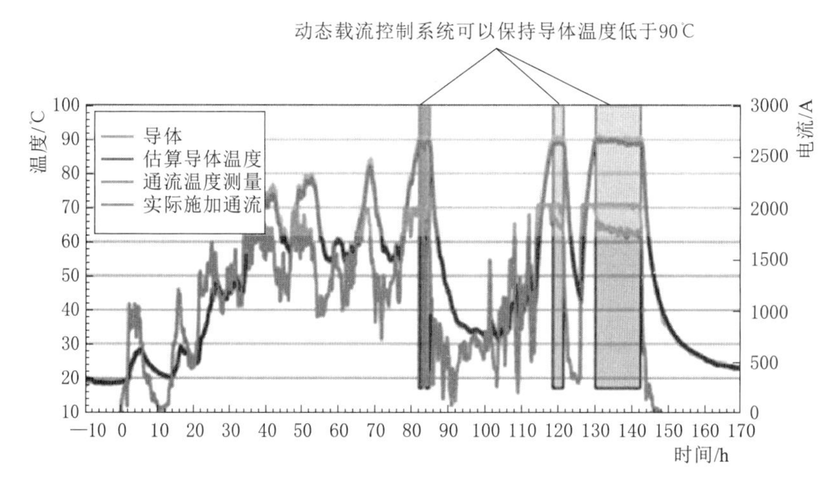

图 1.9　动态载流评价系统验证实验结果

为了给电缆的载流情况实施实时监控和温度预测，并持续适应于周围温度环境，目前普遍采用使用光纤采集系统实时测量电缆固定位置的温度，并采用一套基于分布式测温模型的电缆导体温度的估算法对输送电流建立实时动态分析模型，模拟热量在电缆内部的热传导和辐射热交换过程，对电缆各处的温度进行测算并实施预测。

1.3.2　国内技术进展概述

特定的应用路线决定了目前国内海底电缆的技术趋势基本上集中在电压等级的不断提升和工艺革新这两个层面。

电压等级方面，交、直流技术应用在输电领域的发展并不均衡，目前国内海底电缆的电压等级在交流和直流领域已经达到了交流 500kV、直流 400kV 的水平。具体项目情况见表 1.3。

电缆制造工艺方面，进展主要集中在大长度制造、工厂接头和导体工艺上：针对500kV交流电缆的制造，完成了超过18km的大长度、超高压XLPE绝缘线芯绝缘洁净度和挤出工艺控制方法；高压海底电缆的工厂接头已经达到了交流500kV电缆和直流525kV电缆的水平；3000mm^{2}的阻水导体，也已满足了1000m水深的防水要求。

第2章

海底电缆技术

2.1 海底电缆设计技术

海底电缆的种类可以根据多个方面进行划分：根据负荷类型可分为交流海底电缆和直流海底电缆，根据绝缘类型可分为挤包绝缘海底电缆、充油海底电缆和油浸纸绝缘海底电缆，根据导电芯数量可分为三芯海底电缆和单芯海底电缆，根据敷设方式可分为静态海底电缆和动态海底电缆，根据阻水性能可分为干式设计海底电缆和湿式设计海底电缆。

国内对于交联海缆设计制定了明确的标准，例如JB/T 11167—2011《额定电压10kV（U_m=12kV）至110kV（U_m=126kV）交联聚乙烯绝缘大长度交流海底电缆及附件》、GB/T 32346—2015《额定电压220kV（U_m=252kV）交联聚乙烯绝缘大长度交流海底电缆及其附件》、GB/T 31489《额定电压500kV及以下直流输电用挤包绝缘电力电缆系统》、GB/T 41629—2022《额定电压500kV（U_m=500kV）交联聚乙烯绝缘大长度交流海底电缆反附件》，标准中给定了海底电缆各层结构尺寸推荐值。国外标准对于海底电缆一般不制定明确的设计要求，不提出明确的结构尺寸数值，主要以测试和试验标准来验证海底电缆性能，例如CIGRE-ELECTRA-171《海底电缆机械试验建议》、CIGRE TB 490—2012《30（36）～500（550）kV电压等级的挤出绝缘长距离交流海底电缆试验建议》、CIGRE TB 496—2012《500kV及以下直流挤包电缆系统试验建议》、CIGRE TB 852—2021《800kV及以下直流挤包电缆系统试验建议》、CIGRE TB 623—2015《海底电缆机械试验建议》。海底电缆标准制定导向虽然存在不同，但其结构设计理念大同小异，以下从海底电缆导体、绝缘、金属套、铠装、光电复合单元等方面阐述海底电缆的设计。

2.1.1 导体

海底电缆的导体一般由铜或铝制成，铜材料的高电导系数可以减少线芯损耗，提升载流能力。铜材料加工性能良好，便于线芯拉制和绞合等。相同输送容量下选用铜导体可以减小导体截面积，从而减少外层其他材料的用量，因此海底电缆通常选择铜作为导体材料。导体设计执行标准 IEC 60228《电缆的导体》、GB/T 3956—2008《电缆的导体》、GB/T 3953—2009《电工圆铜线》。

2.1.1.1 导体选型

电缆用导体按结构可分为圆形紧压导体、型线导体和空心导体。

(1) 圆形紧压导体。圆形紧压导体由若干根相同直径或不同直径的圆单线按一定的方向和一定的规则绞合在一起，成为一个整体的绞合线芯。单线在框绞机上逐层绞合，绞合过程中每层导体同时绕包阻水带，并通过模具或辊轮装置进行紧压。紧压减小了单线之间的空隙，使得导体的填充系数可以达到90%及以上，圆形紧压导体工艺成熟，加工效率高，是目前最常用的海底电缆导体结构，如图 2.1 所示。随着海底电缆输送容量要求的提高，圆形紧压导体截面提升较快，国内已经实现了 1800mm^2 截面的工程应用。

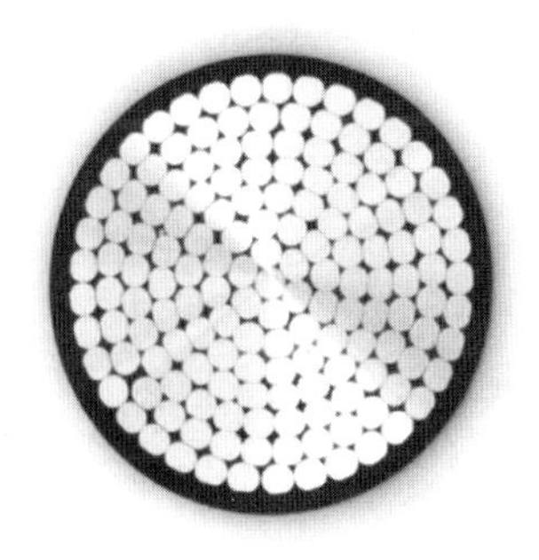

图 2.1 圆形紧压导体

(2) 型线导体。型线导体由预成型的单线绞合而成，单线的形状根据单线所处的位置进行设计，如图 2.2 所示。型线导体的填充系数可达到 96%以上，且绞合过程没有经过冷加工紧压，单线的电导率几乎没有损失，使得导体外径大幅减小。但型线导体单线成本高，易发生单线翻转等问题，加工效率低于圆形紧压导体，并且传统的阻水带绕包工艺无法应用于型线导体，通常采用橡胶类的半导电化合物作为阻水填充物，并需要专用装置进行灌注，因此一般在大截面导体上采用。

(3) 空心导体。空心导体目前主要应用于充油海底电缆。充油海底电缆内部充有低黏度电缆油，其导体内包含中心油道，使绝缘油随着热膨胀和来自海底电缆终端处的压力而流动，如图 2.3 所示。在一些空心导体设计中，中心采用螺旋金属支撑管，避免导体单线陷入中心油道内。空心导体也可由型线构成，由异形型线绞合成自承式导体结构，以省去螺旋支撑管，单线间的沟槽面有助于绝缘和中心油道之间电缆油的充分流动。

上述三种是目前海底电缆普遍采用的导体类型，充油海底电缆采用空心导体，交联聚乙烯绝缘和浸渍纸绝缘海底电缆采用圆形紧压或型线导体。一般而言，1800mm^2 及以下规格非空心导体宜采用圆形紧压结构，1800mm^2 以上规格宜采用型线导体。

除此以外，陆上电缆中广泛应用的分割导体和正在研究的超导导体在载流量方面更具有优势，但由于使用稳定性等原因，目前还未进入到海底电缆应用中。随着研究的不断深入，以及制造技术的不断提升，预计这两类导体将逐渐在海底电缆之中得到应用。

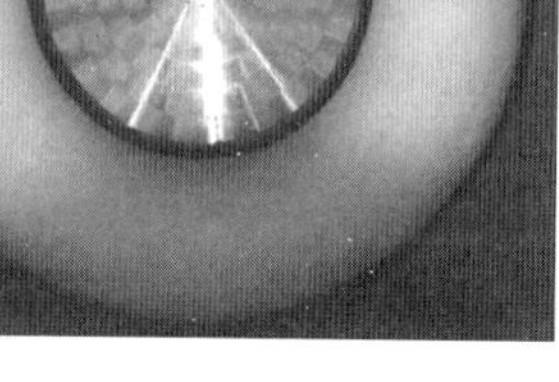

图 2.2　型线导体　　　　图 2.3　空心导体

2.1.1.2　导体结构设计

海底电缆导体根据国家标准和 IEC 标准给定的各规格直流电阻进行设计。

（1）圆形紧压导体截面积与直流电阻的关系计算式为

$$A=\rho_{20}k_1k_2k_3k_4k_5/R_{20} \tag{2.1}$$

式中　A——线芯截面积，如线芯由 n 根直径均为 d 的导线绞合而成，则 $A=n\pi d^2/4$；

ρ_{20}——线芯材料在温度 20℃时的电阻率，对于退火铜线，$\rho_{20}=0.017241\times10^{-6}\Omega\cdot m$；对于硬铝导体，$\rho_{20}=0.02864\times10^{-6}\Omega\cdot m$；

k_1——单根导线加工过程中引起金属电阻率增加所引入的系数，它与导线直径大小、金属种类、表面是否有涂层有关，线径越小，系数越大，一般可取 1.02～1.03；

k_2——由于多根导线绞合紧压使单线长度增加所引入的系数，一般取 1.03～1.05；

k_3——因紧压过程使导线发硬，引起电阻率增加所引入的系数，一般取 1.01；

k_4——因成缆绞合使线芯长度增加所引入的系数，一般三芯取 1.01，单芯取 1.0；

k_5——因考虑导线允许公差所引入的系数，一般取 1.01；

R_{20}——20℃下的单位长度电缆导体的直流电阻。

经计算得导体截面积，进而可根据生产设备及工艺情况，选取单线根数、直径和排列。

（2）型线导体单线根数一般根据制造设备条件和绞合后导线的柔软性来选择。根数太少，则导线柔软性较差；根数太多，则制造工艺复杂。型线导体的几何尺寸可用绘图法或计算法求得。当用绘图法时，可将图放大，从图上直接量出几何尺寸，用求积仪测出面积。若用计算法，则需先确定型线导体宽高比和内层半径与型线导体高度比，逐层计算型线导体的尺寸。

（3）空心导体。空心导体中心用螺旋管支撑，螺旋管由厚度为0.6～0.8mm的镀锡扁铜线构成，管径一般为12mm、15mm、18mm，或更大直径。空心导体外层绞合的单线，其直径、根数及绞合层数一般根据工艺条件及导线的力学性能按以下步骤选定：

1）假定螺旋管外第一层单线的根数为 n_1，求出单线直径 d 为

$$d=\frac{D}{1.02n_1-\pi} \tag{2.2}$$

式中 D——螺旋管外径，mm；

d——一般不宜大于3.0mm。

2）再假定绞合层数为 m，绞合系数为 m_1，则绞合单线总根数 N 为

$$N=m_1n_1+3m(m-1) \tag{2.3}$$

3）最后再校核导体截面积 A 为

$$A=N\frac{\pi}{4}d^2 \tag{2.4}$$

2.1.1.3 导体阻水

阻水要求是海底电缆导体和陆缆导体最主要的区别。当海底电缆出现故障或者维修时，海水在水压作用下会从破损处沿着导体不断渗入，造成进水部分的海底电缆报废。为避免损失扩大，同时为海底电缆抢修争取时间，必须采用适当的阻水措施防止海水侵入。

对于水深100m以内的浅海，比较常用的海底电缆阻水方法是采用遇水膨胀的阻水带或阻水纱填充导体缝隙，当水进入导体时，填充的阻水材料遇水膨胀填满空隙，阻止海水进一步渗透。当水深超过100m时，水压的增大使海水侵入的速度加快，导致阻水带或阻水纱达不到需要的阻水效果，所以在深海应用时，一般采用橡胶基阻水胶对导体缝隙进行填充。

2.1.2 绝缘

海底电缆绝缘为内外电势表面间的电势差提供了有效屏障。绝缘系统做到高纯净度和均质是至关重要的，此外，绝缘必须具有机械强固性、耐热性和抗老化性能。对于绝缘的考核，主要依据标准IEC 62067—2022《额定电压150 kV（U_m=170kV）以上至500kV（U_m=550kV）挤出绝缘电力电缆及其附件的电力电缆系统——试验方法

和要求》。与陆上电缆相比，海底电缆的绝缘材料没有特殊，但制造和应用条件有所不同，因此，适用于中高压等级海底电缆的材料仅有少数几种。

2.1.2.1 交联聚乙烯

交联聚乙烯（XLPE）是聚乙烯通过交联工艺，即采用物理或化学的方法，将聚乙烯分子从线型或支链型结构经交联反应成三维网状结构的交联聚乙烯大分子，聚合后的交联聚乙烯具有优良的电气性能和机械性能，可在相当高的温度下保持稳定，超过300℃时才会发生高温分解。电缆长期运行温度达到90℃。有机过氧化物是交联的引发剂，在绝缘材料工厂就将其添加入原料，在挤出机头内通过挤出包覆在导体上，交联反应发生在挤出机头后的充满惰性气体的高温高压管道内。

交联聚乙烯是海底电缆绝缘材料的首选，目前已广泛应用在交流和柔性直流输电领域。这一材料早期因其对水分敏感导致水树产生，引起绝缘水平下降和寿命缩短。自20世纪80年代，交联聚乙烯的质量和击穿电压有了明显改善，电缆设计和制造对于防水进行了更周全的考虑，水树问题得到了极大改善。

目前，交联聚乙烯海底电缆绝缘厚度设计是基于其预期使用寿命周期内能安全承受的各种可能的电压条件，交流和直流因工作方式差异，在绝缘设计时的条件选取存在明显差别。

1. 交流交联聚乙烯海底电缆

交流交联聚乙烯海底电缆绝缘厚度设计主要考虑工频耐受电压和雷电冲击耐受电压，计算方法如下：

（1）绝缘厚度按工频耐受电压设计。交流交联聚乙烯海底电缆耐受电压所需绝缘厚度 t_{ac} 计算公式为

$$t_{ac}=\frac{\frac{U_{max}}{\sqrt{3}}k_1k_2k_3}{E_{Lac}} \tag{2.5}$$

式中 U_{max}——系统最高线电压，kV；

k_1——劣化系数；

k_2——温度系数；

k_3——安全系数；

E_{Lac}——工频击穿电压最小击穿场强，kV/mm。

1）系统最高线电压 U_{max}，是指系统运行过程中可能出现的最高运行线电压。

2）工频劣化系数 k_1，定义为：根据 $V-t$ 特性，1h耐压值与海底电缆设计寿命耐压值之比，表示方法为 V^nt=常数。其中，V、t 分别为施加电压和通电时间，n 则为常数，称为寿命指数。

3）工频温度系数 k_2，定义为常温时的破坏强度值和高温时的破坏强度值之比，

与绝缘材料、工艺等有很大的关系。

4）工频安全系数 k_3，是为应对不可预估的突发事件考虑。

5）工频击穿电压最小击穿场强 E_{Lac}，为根据通用工频最小击穿场强推算方法，一般采用 40～50kV/mm。

（2）绝缘厚度按雷电冲击耐受电压设计。交流交联聚乙烯海底电缆雷电冲击耐受电压所需绝缘厚度 t_{IMP} 计算公式为

$$t_{IMP}=\frac{BIL\cdot k_1'k_2'k_3'}{E_{LIMP}} \tag{2.6}$$

式中 BIL——基准冲击电压水平，为系统雷电冲击电压；

k_1'——雷电冲击劣化系数，为重复承受冲击电压的老化系数；

k_2'——雷电冲击温度系数，对其影响因素考虑与工频温度系数一致；

k_3'——雷电冲击安全系数，对其考虑与工频安全系数一致；

E_{LIMP}——雷电冲击击穿电压最小击穿场强，E_{LIMP} 由绝缘材料经大量试验，绘出威布尔分布曲线，通过曲线求得。

2. 直流交联聚乙烯海底电缆

直流交联聚乙烯海底电缆由于绝缘内存在空间电荷问题，常规交联聚乙烯材料不适用于高压直流，在直流电压作用下，空间电荷将在绝缘层中的陷阱中积聚，产生对绝缘内部不利的电场畸变。为解决空间电荷问题，绝缘材料制造商研发了特殊配方的交联聚乙烯，例如北欧化工的超纯净低交联体系的 LS4258DCE（长期运行最高温度 70℃、不可用于常规直流）、住友 JPS 的官能团接枝体系（长期运行最高温度 90℃，可用于常规直流）、陶氏化学 HFDA 4401 DC（长期运行最高温度 70℃，不可用于常规直流）。目前前二者已有商业应用。国内绝缘材料开发起步较晚，尤其在高压直流方面，直流 500kV 等级超高压直流绝缘材料目前已完成开发和型式试验认证，预鉴定和工程应用仍在准备中。

直流电缆绝缘厚度设计以试验电压和长期运行电压作为计算依据，相关击穿场强数据和老化寿命指数由试验获得。

（1）绝缘厚度按照试验电压设计。

试验电压下的设计场强计算公式为

$$E=\frac{E_{bd}}{k_1k_2k_3} \tag{2.7}$$

式中 E——交联聚乙烯绝缘在额定直流电压下的设计场强；

E_{bd}——交联聚乙烯绝缘在高温下的短时直流击穿场强；

k_1——安全系数，通常取 1.2；

k_2——老化系数；

k_3——电压系数，型式试验电压（$1.85U_0$）与额定直流电压（U_0）之比，取 1.85。

（2）绝缘厚度按照长期运行电压设计。

额定直流电压下的设计场强同样可用式（2.7）计算，其中电压系数 k_3 此处取为 1。

此外，还须考虑绝缘厚度产生的内外温度梯度对绝缘电导率特性分布的影响。

2.1.2.2 乙丙橡胶

与交联聚乙烯相比较，乙丙橡胶的介质损耗因数和相对介电常数较大，使其不适用于超高压系统中。但乙丙橡胶具有良好的弹性、耐老化性、绝缘性能、耐天候性能，且吸水性小，浸水后抗电性能基本不衰减，因此常用于动态海底电缆等对于弯曲性能和抗水树性能有较高要求的产品中。其绝缘设计一般参照交联聚乙烯进行。

2.1.2.3 充油纸绝缘

充油纸绝缘电缆制造工艺和供油装置相当复杂，在海底电缆受损时，漏油会对环境产生难以预测的影响。其绝缘由不同厚度的绝缘纸带绕包而成，厚度一般为 50～180μm，在超高压交流电缆中，薄纸带用在靠近导体的场强较高处，厚纸带绕制在绝缘外层，绝缘的叠层厚度设计提供了良好的弯曲性能。充油纸绝缘电缆运行时由岸上供油装置将液压传递到电缆所有部位，当电缆因负载变化出现收缩或膨胀时，绝缘油压将由供油装置进行补偿。当电缆损伤时，为保证绝缘性能而通过绝缘油压调节进行补偿。根据电缆的设计，可采用不同的措施提供油道。单芯充油纸绝缘电缆具有中空导体（图 2.4），三芯充油纸绝缘电缆在缆芯之间的空隙形成导体。

图 2.4 充油纸绝缘电缆（单芯，陆上用）

2.1.2.4 黏性浸渍纸绝缘

黏性浸渍纸绝缘电缆适用于海底大功率直流输电，与充油电缆相比，黏性浸渍纸绝缘电缆需要不同的绝缘纸，一般选用高密度纸，为了制造高性能的电缆，绝缘绕包必须在受控的湿度和极高洁净度条件下进行。当电缆处于冷态时，绝缘绕包间隙内存在小气孔，在电场作用下可能产生局部放电，同一位置的多次重复局部放电将使绝缘纸裂解，最终导致击穿，因此黏性浸渍纸绝缘电缆不能用于高压交流场合。当电缆逐步变热，浸渍剂会膨胀并填满所有可能的气孔。当电缆受损时，不会对环境产生漏油。

2.1.2.5 聚丙烯薄膜复合纸绝缘

聚丙烯薄膜复合纸绝缘（PPLP）是由日本 J－Power 公司研制的一种复合绝缘

纸，由两层牛皮纸和一层PP膜复合而成，其介电强度和介质损耗小于普通牛皮绝缘纸。严格意义上来说，聚丙烯薄膜复合纸绝缘是黏性浸渍纸绝缘的一种，此绝缘纸由传统的牛皮绝缘纸改良而来，使用了聚丙烯薄膜复合纸绝缘后，既提高了电气绝缘性能，而且聚丙烯层成为屏障，能抑制绝缘油脱油，使其在高温下也能使用，提高了纸绝缘海底电缆的长期运行温度。因此，粗略计算，PPLP－MI黏性浸渍直流海底电缆的输电容量比传统的牛皮纸黏性浸渍直流海底电缆增加了约30%。

2.1.3 金属套

一般金属套按照工艺结构类型分为铅或铅合金套、铝套、铜套、金属带（箔）塑料复合套等，其设计主要依据总列标准GB/T 2952《电缆外护层》。电缆金属套起到径向阻水、短路泄流、密封、机械保护和电场屏蔽等作用，对于海底电缆，还需要考虑金属套的海水腐蚀防护问题。

（1）铅或铅合金套。中高压交联海底电缆中，无缝铅套是常见的金属套结构型式，主要材料为铅或铅合金。纯铅的化学稳定性、耐腐蚀性好，但其机械性能、抗疲劳强度不足，实际生产中一般采用合金铅材料，保证海底电缆在海水中的寿命和机械防护性能。挤铅工序是在海底电缆缆芯表面挤包无缝铅套的制造环节，通过压铅机高压挤出熔融后的铅液至模头，并通过模座里的模芯和模套使铅流到缆芯表面，经过冷却后在缆芯表面形成光滑圆整的无缝铅套结构。为防止挤铅过程中高温对交联线芯的影响，一般交联线芯绝缘屏蔽与铅套之间应包覆一层半导电阻水材料，以起到保护绝缘线芯和纵向阻水的作用，同时也保证了金属屏蔽层与绝缘线芯在电气上的接触。

（2）铝套。与铅套结构相比，铝套具有以下特点：材料密度比铅小，整体海底电缆重量轻于铅套结构；铝的机械强度、抗疲劳强度、耐振性比纯铅高；铝的导电、导热性好，海底电缆工作时护层损耗小，散热性好，有利于提高海底电缆的载流量。由于铝在海水中耐腐蚀性较差，铝套通常应用于陆上电缆，一般不应用于海底电缆。

（3）铜套。铜套常见形式有焊接平滑铜套和焊接轧纹铜套，其中焊接轧纹铜套使用铜板卷包，然后采用焊机焊接后再轧纹，具有纵向焊缝，一般外径较大。铜套结构在海底电缆施工过程中可以承受较大的抗挤压、抗剪切以及侧面支撑能力，具有良好的机械性能和导电性能。缺点是外径和重量较大，铜套在大长度缆芯中焊接困难，对于海底电缆而言，长距离的铜套焊接很难保证密封性，且制造成本高、耐腐蚀性能较差，一般不应用在海底电缆结构中。

（4）金属带（箔）塑料复合套。金属带（箔）塑料复合套具有阻水性能，但抗外力破坏能力低，受破坏后阻水能力下降，因此在海底电缆中应用金属带（箔）塑料复合套结构具有一定的风险，一般应用在环保要求较高的水域以替代重金属铅，避免铅对环境造成影响。

综上所述，由于铅合金套结构防腐性能好，在海底复杂条件、恶劣工况下具备良好的阻水性能和机械性能，因此在海底电缆领域应用广泛。

几种常用铅合金型号规格及铅合金材料成分见表2.1。

结合大量生产验证，工程上一般选用E型合金铅，E型合金铅加工性能优良，生产工艺稳定，适合大长度连续挤出。铅套厚度设计计算公式为

$$t_{铅}=\alpha D+\beta \tag{2.8}$$

式中 $t_{铅}$——铅套标称厚度，mm；

D——铅套前假定直径，mm；

α——系数，取0.03；

β——系数，单芯海底电缆取1.1，分相铅套海底电缆取0.8。

表2.1 几种常用铅合金型号规格及铅合金材料成分

铅合金型号		铅合金材料成分比例（按重量）				
EN50307标准名称	常规名称	砷	铋	镉	锑	锡
PK012S	1/2C	—	—	6%～9%	—	17%～23%
PK021S	E	—	—	—	15%～25%	35%～45%
PK022S	EL	—	—	—	6%～10%	35%～45%
PK031S	F3	—	—	—	—	10%～13%

若实际工程中铅套厚度经过验算后不满足短路容量的需求，需增大铅套厚度或采取其他措施提升金属屏蔽层的短路电流。

2.1.4 金属铠装

海底电缆在安装敷设过程中需经受较大张力的作用，张力不仅来自敷缆时悬挂海底电缆的重量，还包括敷设船垂直运动产生的附加动态力；同时，海底电缆运行过程中还可能遭受海中安装机具、水下设备、礁石、渔具和锚具等带来的外部威胁；除此之外，海底电缆在较长的登陆段施工敷设过程中，一般需要通过卷扬机或牵引装置拖曳上岸，实现海底电缆的整体移动。这些受力情况中海底电缆的关键承力元件为金属铠装层结构，对整个海底电缆起到关键的机械保护作用。

在电气性能方面，金属铠装层若与铅套层短接后互联接地，还可以起到短路泄流的作用，从而增大金属屏蔽层的短路容量，保障海底电缆长期运行过程中发生故障时的安全裕度。金属铠装设计同样主要依据系列标准GB/T 2952《电缆外护层》。

海底电缆相关标准中，一般推荐采用镀锌钢丝、铜丝或者其他耐海水腐蚀的金属材料作为铠装层材料。

各种金属铠装层结构型式的性能对比见表2.2。由表2.2可知，钢丝和铜丝的主要性能差异在于相对磁导率和电阻率：一般镀锌钢丝相对磁导率为200～400，在交流电情况下，金属铠装层中会形成较大的磁滞损耗，显著降低海底电缆的载流量；而铜丝铠装层相对磁导率非常小，损耗将大大降低。鉴于铜丝和钢丝材料价格差异较大，实际铠装材料选型和结构设计时需要同时考虑载流量、短路电流以及制造成本等方面的因素。

表2.2　各种金属铠装层结构型式的性能对比

材料性能	单位	镀锌圆钢丝铠装	镀锌扁钢丝铠装	圆铜丝铠装	扁铜丝铠装
密度	kg/m^3	7.80×10^3		8.89×10^3	
材料规格（直径或厚度）	mm	4.0、5.0、6.0、7.0、8.0	2.0、2.5、3.0、3.5	4.0、5.0、6.0、7.0、8.0	2.0、2.5、3.0、3.5
相对磁导率		200～400		0.999	
电阻率（20℃）	Ω·m	1.38×10^{-7}		1.75×10^{-8}	
抗拉强度	N/mm^2	340～500			

同规格单芯情况，钢丝、铜丝铠装海底电缆损耗计算结果对比见表2.3，由表2.3可知，铅套和铜丝铠装的总损耗要明显小于铅套和钢丝铠装总损耗，铜丝铠装可明显提升海底电缆的输送容量和短路电流。实际工程应用中，海底电缆的载流量瓶颈段一般为海底电缆的登陆段，若考虑成本因素，可在此处采用钢、铜丝混合铠装或钢丝转接铜丝的铠装型式，这样不仅可以降低海底电缆的制造成本，还可以提升海底电缆的整体载流量。

表2.3　钢丝、铜丝铠装海底电缆损耗计算结果对比

序号	单芯海底电缆规格/mm	铠装型式	铅套与铠装层总损耗因数	铠装短路电流/(kA/s)	海底段载流量/A
1	1×1800	ϕ6.0铜丝铠装	0.496	224	1664
2		ϕ6.0钢丝铠装	2.857	113	1011

由于海底电缆敷设条件和运行海域环境复杂、机械强度要求高，金属铠装层的选择还需考虑采用较高强度的金属丝铠装材料或采用多层铠装型式增加海底电缆整体机械强度。依据GB/T 32346.1—2015《额定电压220kV交联聚乙烯绝缘大长度交流海底电缆及附件　第1部分：试验方法和要求》可知，对于敷设和修复水深小于500m情况下，大长度交流海底电缆所受张力为

$$T=1.3Wd+H \tag{2.9}$$

其中

$$H=0.2Wd$$

式中　T——加载试验拉力，N；

W——1m海底电缆在水中的重量，N；

d——最大水深，m；

H——最大允许水底接触点处海底电缆所受的张力，N。

根据式（2.9）的计算结果可得海底电缆允许张力值，实际选择海底电缆铠装材料和结构型式时需要满足式（2.9）的标准要求。图 2.5 为镀锌钢丝与铜丝铠装结构型式。

（a）镀锌钢丝

（b）铜丝

图 2.5　金属铠装结构型式

2.1.5　光单元

光纤复合海底电缆通常在海底电缆护套层和铠装层之间布置光单元，一方面可用于对海底电缆运行状态的监测，另一方面也可用于应急通信。其设计主要依据标准有 GB/T 18480—2001《海底光缆规范》、GB/T 9771.1—2020《通信用单模光纤　第 1 部分：非色散位移单模光纤特性》、ITU - TG.652《单模光纤和光缆的特性》。

2.1.5.1　光单元结构

光纤复合海底电缆一般采用中心束管式不锈钢管光纤单元，不锈钢管光纤单元具有较大的抗拉强度、抗侧压能力，尺寸较小，而且可以设计较大的光纤余长。为了保证不锈钢管光纤单元与其他金属材料形成隔绝，还要在不锈钢管外挤制一定厚度的聚乙烯护套，光单元结构如图 2.6 所示。

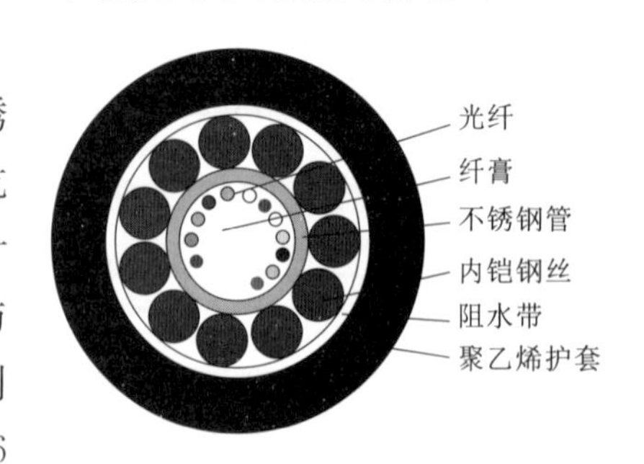

图 2.6　光单元结构

2.1.5.2 结构尺寸

光纤复合海底电缆专用光纤单元与一般光缆所用光纤不同，需要高强度、大长度、低损耗光纤。在设计多用光纤筛选水平时，首先考虑的因素是敷设时的伸长性能，尽量提高光纤单元的抗拉性能，因此海底电缆中的光单元宜选用能承受较高强度、较大筛选应变的光纤。光单元中光纤余长的设计在一定程度上决定了光纤复合海底电缆的拉伸性能，在设计时考虑到光纤复合海底电缆的使用环境及敷设要求，以及不同电压等级、截面产品的情况，根据光纤复合海底电缆可能的最大应变设计合适的光纤余长，确保光纤复合海底电缆在受到最大应变时光纤不受力，不影响光通信传输性能。

2.1.5.3 技术参数

光纤复合海底电缆中应用的光纤单元通常需要特殊考虑光纤单元的力学性能，光纤单元保护管一般采用不锈钢管作为保护材料，不锈钢管厚度为0.2mm或0.3mm。利用激光焊接设备将不锈钢带焊接成内有光纤的不锈钢管，在线配有余长控制、张力控制及检测等设备，保证光纤的衰减性能和不锈钢管的质量。在不锈钢管中填充阻水膏可以有效地保护光纤，使光纤免受潮气和水分进入，并使得光单元在海底电缆短路时能承受较高的热效应温度，使光纤的传输性能等不受影响。同时，由于阻水膏具有良好的触变性，当光纤单元受到弯曲、振动等外力作用时，阻水膏在外力作用下硬度迅速下降，膏体软化，缓冲应力，对光纤起到保护作用。光纤典型技术参数见表2.4。

表2.4 光纤典型技术参数

参数	单位	标称值	参数	单位	标称值
最小断裂负荷(UTS)	kN	13	允许拉伸力	N	长期600，短期1500
瞬时拉力标称负荷(NTTS)	kN	9	允许侧压力	N/10cm	长期300，短期1000
正常操作标称负荷(NOTS)	kN	4	工作温度	℃	−10～40
永久拉伸标称负荷(NPTS)	kN	2	操作温度	℃	−15～45
最小弯曲半径	m	0.5	存储温度	℃	−30～60

综上所述，交联聚乙烯绝缘海底电缆典型结构如图2.7所示。

2.1.6 接头设计（海底电缆接头）

海底电缆附件包括终端和接头。海底电缆终端主要用来与其他电力设备连接，除应用环境湿度大、盐雾重、需增加防腐设计以增强可靠性外，与陆上电缆终端的类型、材料、形状、制作安装工艺基本相同，而海底电缆接头长期运行在海底复杂工况

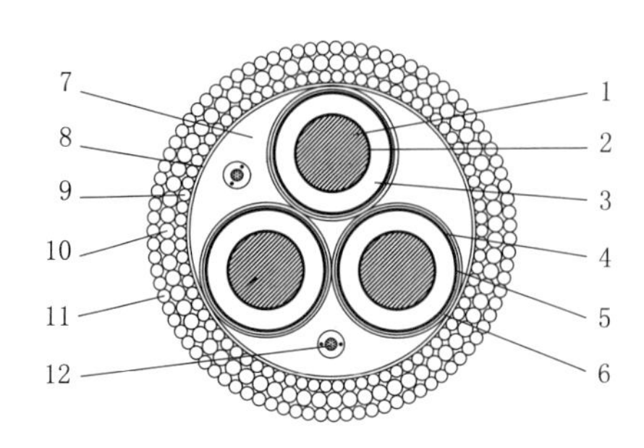

图 2.7　交联聚乙烯绝缘海底电缆典型结构

1—阻水紧压导体；2—半导电屏蔽层；3—交联聚乙烯绝缘层；
4—半导电屏蔽层；5—半导电绕包层＋铅合金护套；
6—半导电聚乙烯护层；7—聚丙烯填充；8—绕包层；
9—聚丙烯内衬层；10—镀锌钢丝铠装；
11—聚丙烯外被层；12—光纤单元

下，相比陆上电缆接头的设计要求更高。

海底电缆由于制造商连续制造长度、船只装载能力、路由条件等多方面条件限制，使得海底电缆制造长度无法满足工程要求，此时需要通过接头实现海底电缆接续；此外，海底电缆运行时遇到外力破坏或者质量问题导致故障，亦需要通过接头实现海底电缆恢复。海底电缆接头主要包括工厂接头和修理接头两大类。

2.1.6.1　工厂接头

工厂接头通常按照海底电缆本体结构进行逐层恢复，恢复过程包括导体连接、绝缘恢复和机械防护恢复等。

导体连接采用焊接方式，焊接工艺可采用爆炸焊、银钎焊、氩弧焊、摩擦焊等，焊接材料根据被焊导体材质进行选择。对于绞合导体，可以采用整根电缆导体一体焊接或单线逐一焊接，但焊接强度各有不同，一体焊接强度相对较低，大致能达到本体抗拉强度的40％～60％，但焊接周期较短，适用于快速恢复；单线逐一焊接后抗拉强度提升明显，可达到本体抗拉强度的70％～90％。导体接头足够的机械强度是至关重要的问题，焊接缺陷，诸如不连续、开裂、空隙、熔融不完善或渗漏以及非金属夹杂物必须避免，焊接质量可采用 X 射线检验。靠近焊接处导体部分强度较低，因为焊接时加热易使其退火。焊接处的电导率必须足够高，以避免电缆产生热点，但局部电阻率稍有增高并非致命问题，因过度损耗产生的热量会有效地发散至邻近导体。

导体连接后须恢复绝缘，通常采用电缆相同的绝缘结构。将两根电缆端部绝缘制成锥形，形成锥面，将新的绝缘材料包覆在两根锥形电缆末端间。锥体角度越小，界面越长，沿界面上的轴向电场强度就越低，但过长的界面会加大接头的制作难度，因此需综合考虑电场强度和接头长度之间的平衡关系。大多数情况下，接头绝缘比电缆绝缘稍厚，以降低电场强度。聚合物绝缘电缆（交联聚乙烯、乙丙橡胶）的接头绝缘可以采用与电缆相似的材料制成带材，绕包在导体接头上，屏蔽通常采用半导电带材绕包，接头绝缘在加热和压力下固化，使带材融合在一起，成为无空隙的均质连续的材料（如果采用交联聚乙烯带材，则还需要经过一定时间的交联固化），此种方法为绕包模压式。此外，绝缘还可通过挤塑机挤出后通过模具包覆在导体接头上，挤塑过程同样施加一定的温度和压力使绝缘成形，此种方法为模注式。电缆绝缘和接头绝缘界面必须无微孔、间隙、开裂或杂质。电缆的导体屏蔽和接头屏蔽间的过渡处理须经过细致打磨，接头绝缘和电缆绝缘界面的融合对电气强度至关重要。对于纸绝缘电缆，接头结构与电缆本体相似，有导体屏蔽、绝缘和绝缘屏蔽，绝缘由经过浸渍的纸带用手工或纸包机逐层绕包后恢复。

绝缘恢复之后进行机械防护的恢复，主要是铅套和金属铠装层。铅套恢复需要预制一段铅管，在导体连接前套入到海底电缆上，在绝缘恢复后再滑动至接头上，随后将恢复用铅管和本体铅套焊接完成恢复。完成铅套恢复后将用作保护的收缩管包覆在铅套上，而后进入成缆铠装完成整体接头制作。

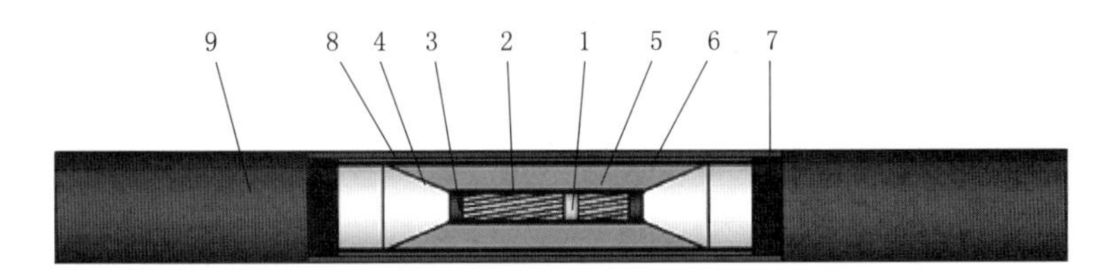

图 2.8　工厂接头结构示意图

1—导体焊接段；2—导体屏蔽恢复层；3—导体屏蔽预留层；4——新旧绝缘界面；5—绝缘恢复层；6—绝缘屏蔽恢复层；7—绝缘屏蔽预留层；8—铅套、护套恢复层；9—电缆本体

2.1.6.2　修理接头

修理接头与工厂接头区别很大。修理接头外部套有刚性外壳，最常用的为钢管，如图 2.9 所示。此钢管用作电缆末端的铠装丝的连接点，亦是其内部电缆接头的外部保护，还可增加机械强度和抗张力。

海底电缆绝缘芯端头可用不同方法实现外保护盒内部的电气连接。工厂接头的绝缘恢复方式是一种尺寸相对紧凑的连接方法；修理接头可采用预制接头套管，作为电缆的电气部件。预制接头设计采用具有半导电层和绝缘层的弹性体套管，此套管跨接两边电缆绝缘的间隔，如图 2.10 所示。

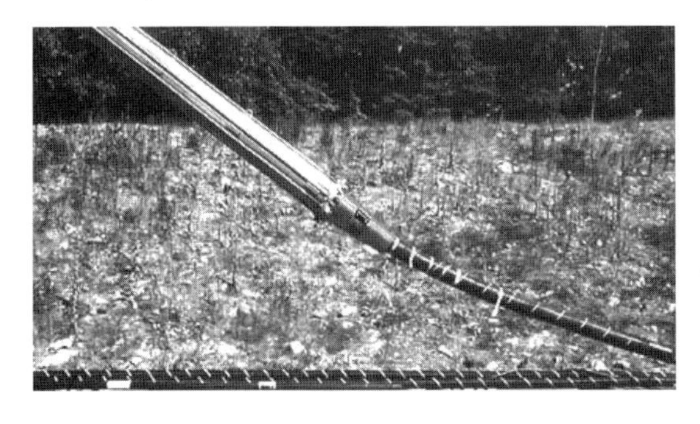

图 2.9　修理接头

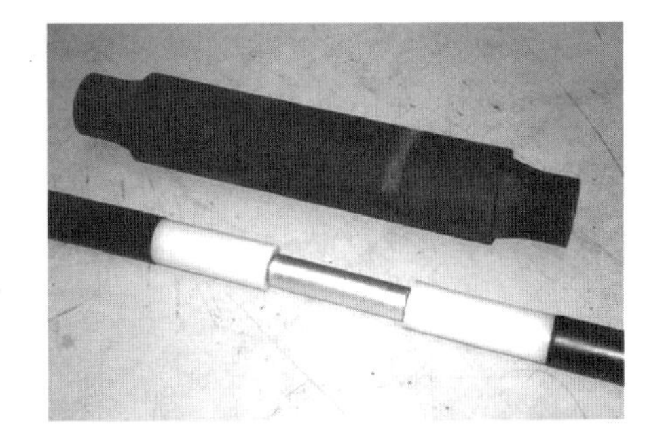

图 2.10　聚合物绝缘电缆的预制接头

（注：上方为弹性体套管，下方为已连接的导体和经处理的绝缘以备弹性体套管套入）

聚合物绝缘电缆常选用预模制预制接头，预模制预制接头有很多优点：①组装时间短；②适用于按用户规范要求的各种导体连接方式，如焊接、压接套管连接、螺纹连接；③能在工厂中进行预试验。

这种钢质保护盒亦使预制接头可应用于海底电缆。有时，采用铜或黄铜制成的内保护盒可包覆预制接头，并与铅套相钎焊，以达到安全防水的作用。两根电缆末端导体连接以前，将预制套管径向扩张，并将其暂置于靠近电缆末端的辅助支撑管上。

按供应商操作说明进行导体连接和绝缘处理以后，暂置于支撑管上的预制套管就滑入绝缘的间隔上。抽去支撑管，接头的预制套管就缩塌覆盖于预定位置的绝缘间隔上。在此最终确定的位置上，此预制套管对其下层的绝缘表面保持径向压力，此界面上的径向压力对接头在其整个运行寿命期间的电气强度是至关重要的。也有设计采用外施弹簧元件保持此径向压力。

对照包带接头和包带模塑接头，预制接头的套管能在制造厂试验室内预先试验。工厂高电压试验通常有局部放电试验记录，能检出绝缘材料可能的缺陷、微孔、杂质，并确认供试接头套管的固有电气绝缘强度。但此试验不能检出不良的安装质量。

电缆绝缘芯接头有防水结构（通常为铅套）。如果预制接头套管很笨重，用铜或黄铜保护盒包封接头。铜保护盒易于与电缆铅套相钎焊，成为接头的完全防水保护盒。对有些中压电缆，适合采用聚合物防水结构，接头可用收缩管包覆。

连接后的电缆绝缘芯装入外金属保护盒，此保护盒中间为圆柱形，两端为圆锥形。钢质保护盒的分离线与电缆轴线平行，将其分为两部分；或将分离线绕保护盒一圈，连接两个漏斗形部分。外保护盒还可以分为多于两部分部件来装配。钢质保护盒各部分可以用焊接相连接或用螺母、螺栓相连接。接头保护盒两边的金属丝铠装可以用夹紧法兰与保护盒机械连接，也可用焊接连接。

预模制接头的铜或钢质保护盒如图2.11所示，铜保护盒与电缆铅套钎焊见“A”；钢质保护盒分离结构见“C”；保护盒构成加强件，牢固地与电缆两边的铠装层相连接，见“B”。应用较少的，如浅海海底电缆，可采用聚合物材料制造的保护盒。要特别注意电缆各层与相应的接头各层的过渡部分，因为在制造、运输、安装及运行时，对接头所有部件会施加很高的机械应力。

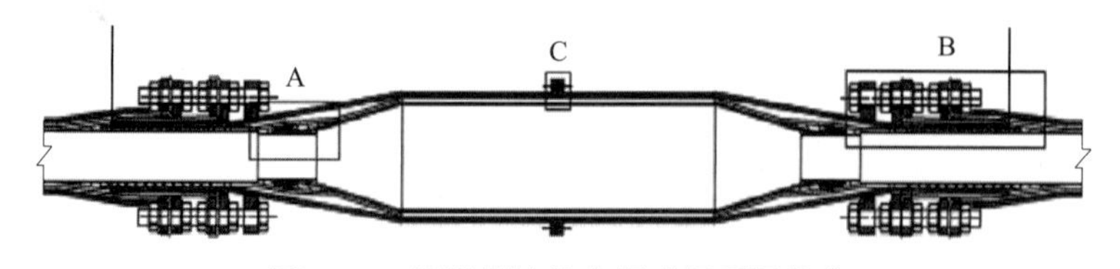

图2.11　预模制接头的铜或钢质保护盒

为避免修理接头保护盒与海底电缆柔性铠装层之间过渡处电缆的锐弯，在钢质保护盒的电缆引出处要有圆锥形的橡胶套制成的弯曲限制器件包覆电缆。

不能用一般的电缆龙门架运输或用普通的船舶敷设设备部署刚性接头制作，因为接头有刚度且直径增大。必须采用特殊的起重装置来部署制作刚性接头。

从这些情况来看，似乎海底电缆采用修理接头是较差的选择，工厂接头具有设计简单和易于安装的优点。但预制接头套管的优点以及钢质保护套所具有的良好的机械保护性能，而且敷设船上附件的组装时间是十分宝贵的，使得修理接头的优点超过工厂接头。

修理接头已用于低油压充油海底电缆，尚未用于现今的黏性浸渍纸绝缘直流电缆。因为尚无黏性浸渍纸绝缘直流电缆预制接头，接头绝缘必须用现场纸带绕包机制作。因此，黏性浸渍纸绝缘直流电缆不能利用修理接头的组装迅速和可以工厂预先试验的优点。

几乎所有的三芯电缆都可采用修理接头，如图 2.12 所示。修理接头钢质保护盒中，三个电缆导体线芯相互分离，逐相接头，每个接头封装于各自的防水盒中，防水盒由预成型的铜管制成并钎焊于电缆铅套，将防水盒与外部的钢质保护盒（抗张力，起铠装作用）分开设计，使其设计方法有较多的可能性。钢质保护盒还可带有光缆接头盒，用于光缆的修理接续。

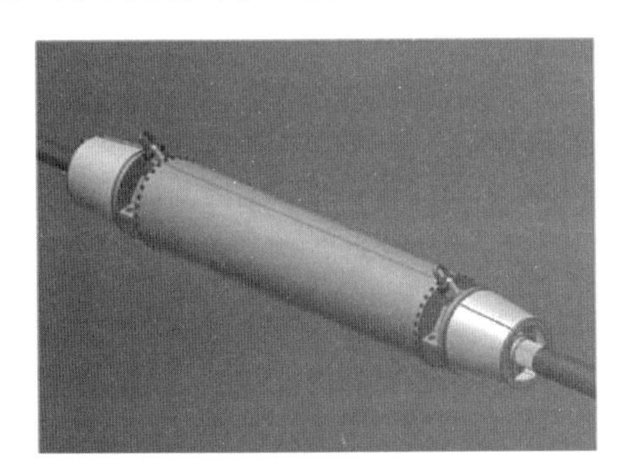
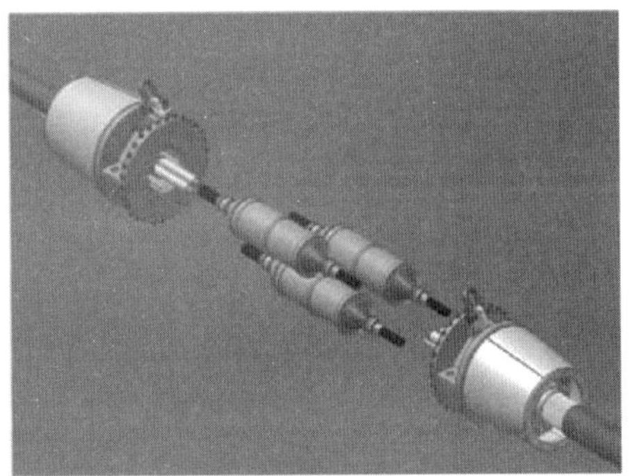

图 2.12　内有三个预制接头的修理接头钢质保护盒

2.1.7　差异分析

2.1.7.1　海底电缆和陆上电缆设计差异

海底电缆主要用于水下传输大功率电能，与陆上电缆的作用等同，只不过应用的场合和敷设的方式不同。因此海底电缆与陆上电缆具有高度的相似性，但也不尽相同，如图 2.13 所示。

陆上电缆主要由导体、绝缘和护层三大部分组成：导体负责传输电流；绝缘负责承受电压，确保运行安全；护层分金属套和非金属护套，对电缆进行机械防护，实现对地连接，避免触电事故发生。在高压陆上电缆中，金属套一般采用皱纹铝套，不用增加铠装结构，在特殊环境中会采用铅套或者铝塑综合护层。

（a）海底电缆

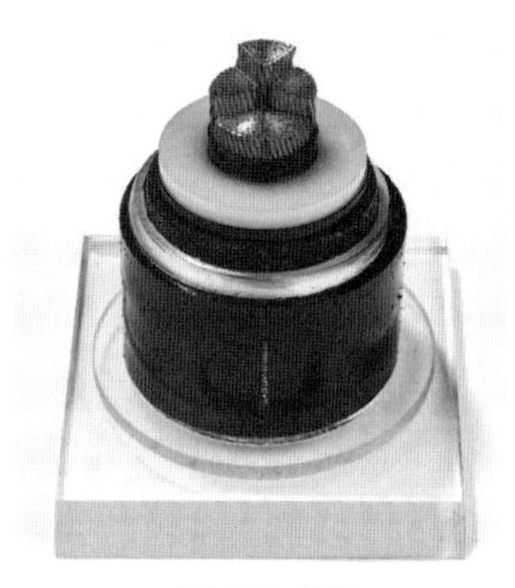

（b）陆上电缆

图 2.13　海底电缆和陆上电缆

海底电缆同样由上述三大部分组成，各部分承担相同的作用。由于海底电缆应用在海底，处于高水压、高盐、高腐蚀的环境中，通过专业船只进行大长度大埋深敷设，工作环境较陆上电缆更加严酷，对海底电缆防护要求更高。因此海底电缆一般采用铅护套和较强的铠装（如粗圆钢丝铠装），以提高其抗腐蚀能力和机械强度，同时在导体内和绝缘外增加阻水材料以提高阻水性能。

表 2.5 对海底电缆和陆上电缆结构进行了对比，海底电缆是在陆上电缆的结构基础上，增加了复合光单元和铠装结构，以适应海底恶劣环境的使用需求。

表 2.5　海底电缆和陆上电缆结构对比

电缆类型	海底电缆	陆上电缆	电缆类型	海底电缆	陆上电缆
结构	阻水导体	导体	结构	内护套	外护套
	导体屏蔽	导体屏蔽		内衬层	导电层
	绝缘	绝缘		光缆复合层	—
	绝缘屏蔽	绝缘屏蔽		铠装层	—
	阻水缓冲层	阻水缓冲层		外被层	—
	铅套	金属套			

2.1.7.2　交流海底电缆和直流海底电缆设计差异

海上直流输电系统普遍采用双极输送，两根直流海底电缆即可构成输电回路，考虑到运行风险和抢修便利性，直流海底电缆采用单芯结构。同时因其不存在集肤效应和交流感应，因此大截面导体无须制成分割形式，磁性铠装材料亦不会对其产生额外损耗。而交流输电系统由三相构成，若采用单芯方案，一方面将占用较多的海上通道资源，另一方面由于集肤效应和感应影响，导体截面受到限制，磁性铠装材料损耗较大，对经济性存在明显影响。因此目前交流海底电缆普遍采用三芯统包方案。

除结构差异外，直流海底电缆的绝缘材料和交流海底电缆同样存在明显差异。虽然同为交联聚乙烯，但直流海底电缆的绝缘材料必须抑制空间电荷积聚，因此直流海底电缆绝缘材料和配套的屏蔽材料配方与交流海底电缆材料配方存在显著差异，常规交流绝缘材料不能应用到直流海底电缆中。

2.1.7.3 单芯海底电缆和三芯海底电缆的设计差异

三芯海底电缆将三相导电芯集成到一起呈三角形排列，相较单芯海底电缆具有磁场平衡的特点，因此可选用磁性材料作为铠装，而不会对载流量造成根本影响；同时三芯海底电缆的三相线芯之间具有充足的空间用于放置光单元，而不必像单芯海底电缆采用绕包方式复合光单元，因此三芯海底电缆的光单元可以不拘泥于尺寸限制，从而设计更多的铠装加强对光纤的保护；单芯海底电缆因三相电缆为独立的三根电缆，相间距较远，一旦电缆发生接地，难以发展至相间短路，单芯海底电缆需设计更厚的金属屏蔽加强短路电流的承受能力。

2.2 海底电缆敷设技术

海底电缆施工在国际上普遍被认为是一项大型而复杂的工程，涉及气象、水文、地质、交通、海底电缆特性、机具、工程管理及水下各种应急情况的处理，是考验设备、经验、管理的一项综合技术活动。

海底电缆从工厂生产出来后，接下来就将进行敷设安装阶段。敷设安装过程可以分为前期准备、过缆作业、现场准备、始端登陆、海中段敷设、管线交越施工、终端登陆、海底电缆保护、质量检查与验收以及环保措施等几个部分。如果有与其他管线交越的，还有管线交越施工的内容，工艺流程一般如图 2.14 所示。

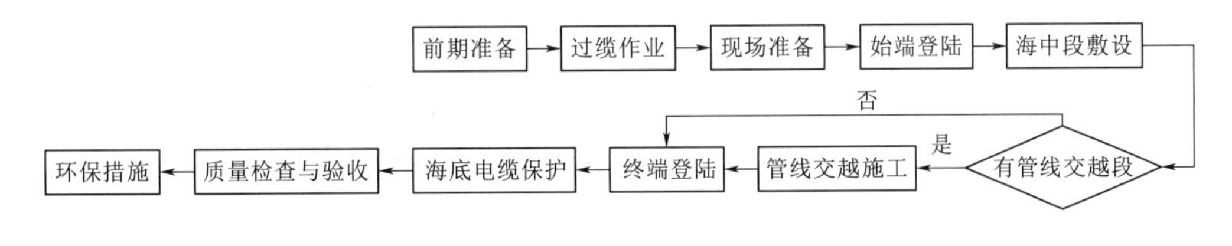

图 2.14　海底电缆施工工艺流程

常规的海底电缆埋设施工一般利用射流式埋设机进行埋设施工，敷、埋同步进行，采用基于平面退扭技术的海底电缆埋设施工方法，最大埋设深度由埋设机性能、海床土质以及设计要求确定。该方法利用可旋转的电缆托盘，将托盘上的海底电缆依靠布缆机牵引通过过缆桥、滚轮装置、线缆入水槽至埋设机，埋设过程中控制托盘、布缆机、埋设机速度同步。该方法实现了海底电缆不打扭，可安全平稳地将海底电缆敷设至海床下，如图 2.15 所示。

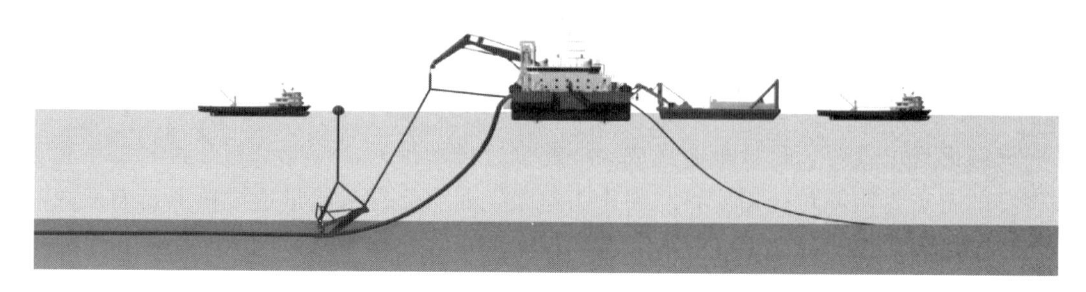

图 2.15　海底电缆敷设工艺示意

2.2.1　前期准备

前期准备是为保障海底电缆敷设而进行的施工计划、组织方案与应急预案的编制、机具准备、创造施工条件和办理各种许可证书的过程。应编写周密详细的施工技术方案并进行技术交底，完成技术资料准备及报审，开工前完成施工手续办理。海底电缆敷设安装的前期准备一般分开工准备阶段及施工准备阶段。

开工准备阶段是为顺利施工而开展必要准备的过程，须准备的技术资料有项目管理实施规划、安全文明施工实施细则、施工安全管理及风险控制方案、质量验收及评定范围划分表、质量通病防治措施、现场应急处置方案、水上水下施工许可证。

施工准备阶段是指实施海底电缆敷设、安装、保护、试验的过程，须准备的技术资料有海底电缆施工作业指导书、海底电缆试验方案。

具体的准备步骤如下：

(1) 技术准备。完成施工图纸会审、施工方（预）案及作业指导书的编制，并进行技术交底。

(2) 施工机具准备。施工船队、警戒船队、埋设机、绞磨机、电测系统、对讲机、钢丝、切割及封头等机具设备，数量、性能均需满足施工要求。

(3) 组织准备。首先是施工周期的选择，一般施工周期选择在小潮汛期间进行，需通过气象预报和当地气象分析综合制定。其次是人员组织，选择经培训考试合格并能胜任该工程的项目经理及项目管理成员、现场作业人员负责工程建设；最后就是办理海底电缆施工的相关许可证及方案评审，包括海底电缆铺设的水上水下施工许可证办理、施工前各利益方协调会、现场警戒协调会等。

(4) 现场布置。施工船舶机具布置合理到位；登陆点土建电缆沟电缆通道畅通、排水良好、整洁无杂物，并复测完毕，警示装置、LED 冷光源装置均应安装调试完毕，正常投入运行；牵引绞磨机摆放位置合理、固定牢靠。

2.2.2 过缆作业

过缆作业是将电缆从一个存放区导入另一存放区的过程。因为海底电缆长度大，若电缆产生局部扭转，将难以释放其扭转应力，电缆铠装就会起“灯笼”，直至打扭。所以过缆不慎，将影响海底电缆本体质量。

对于小而轻的海底电缆一般采用整体吊运方案，而对于大截面、超长、超重的电缆则采用散装过缆。具体为将海底电缆沿栈桥输送至海底电缆排线架顶，然后海底电缆头绑扎上钢绳网套，再与牵引钢绳联结，将海底电缆头经过排线架后，牵引至电动转盘内。盘绕前，海底电缆头部预留 3m 长度在海底电缆转盘圈外，以方便海底电缆测试。此过程中，旋转电动排线架、限位排线装置、施工船上转盘应保持同步转动，过缆速度一般控制在 900m/h 以内。

过缆方式根据过缆地点不同可分为电缆厂码头过缆和海上电缆运输船过缆两种形式，为避免电缆二次损伤，一般优先选用电缆厂码头过缆方式。电缆厂方码头过缆，施工船靠泊在厂家码头，通过连接工厂车间和码头的传送带直接将电缆输送到电缆施工船上，再由施工船运输到施工现场后直接展放电缆，中间不需要再次转运，而且施工船上均设有退扭架和电缆盘，用来装载和敷设电缆。

2.2.3 现场准备

现场准备是为了给海底电缆施工船进场创造施工条件。主要包括以下内容：

(1) 路由复测。海底电缆施工前，须对电缆的设计路由进行复测，特别是海底电缆登陆点、海上管线交越点、路由拐点、海况复杂区域的坐标及水文参数复核，以确保施工的准确性。

(2) 试航。施工船舶到达施工现场之后，首先安排在设计施工路由区域内进行试航，以熟悉施工区域内设计路由的各个关键点及潮水情况；然后对船上的所有施工设备及后台监测设备进行模拟操作演练，确保所有施工设备及监测装置正常使用。

(3) 扫海。该工作主要解决施工路由轴线上影响施工顺利进行的废弃缆线、插网、渔网等小型障碍物。扫海船只应配备差分全球定位系统（DGPS）进行导航和定位，扫海次数不得少于两次，扫海须保持拖拽钢缆与水面夹角大于 30°，航速控制在 3 节以内，以保证锚与海床充分接触。对于扫海船只无法判明或处理的障碍物，由潜水员海下探摸和排除；如遇到类似文物、沉船等大型无法处理的障碍物，则应及时向建设单位和设计单位报告，确定处理的办法。

(4) 敷设主牵引钢缆。由锚艇在海底电缆设计路由上通过 GPS 导航定位抛设牵引锚，并与主牵引钢缆连接后开始敷设主牵引钢缆，直至将主牵引钢缆与施工船上卷扬机相连接。在转向点处，沿海底电缆路由方向延伸至少 200m 处下锚，以确保转角处可圆弧状平缓过渡施工。

(5) 登陆准备。根据现场实际情况，登陆前在两登陆点的路由轴线上挖设绞磨机地垄、在登陆的滩涂上按设计轴线敷设海底电缆登陆的牵引钢丝，并在海底电缆登陆路由沿途设置专用滑车及转角滑车，以减小海底电缆登陆时的摩擦力。

2.2.4 始端登陆

始端登陆是将电缆盘自由一端的电缆引上岸或海上平台。

图2.16 电缆沟内预置滑车

海底电缆始端登陆宜选择在登陆作业相对困难的一侧。船舶无法进入的潮间带区域需预挖沟槽，在登陆的滩涂上按设计轴线预先设置海底电缆登陆用的牵引钢丝绳及绞磨机地垄，在海底电缆登陆路由沿途预置专用滑车及转角滑车（图2.16），以减少海底电缆传输时的摩擦力。登陆前，海底电缆与陆上电缆交接处的人工井及电缆沟须提前建成；若需穿越防波堤，防波堤下的电缆通道须预埋并且保证贯通。

海底电缆登陆应注意如下事项：

(1) 始端船只定位。施工应在平潮时进行，施工船应尽量靠近登陆点，以减少登陆的距离。施工船只宜八字开锚固定或采用动力定位在路由轴线上，同时要防止潮流变化使船位移动。

(2) 始端登陆。海底电缆应用气囊助浮，同时岸上用绞磨机牵引海底电缆登陆，对于光缆也可以采用人工牵引的方法上岸。登陆长度应满足设计要求，并留足够裕量。

(3) 电缆固定。电缆登陆完毕后在登陆岸边应用钢丝绳或绳子固定住电缆，以防施工船开始海中段敷设时将已登陆的电缆拖拉回海中。

海底电缆始端登陆一般流程可以归纳为高潮位施工船就位、八点锚泊定位或动力定位、登陆点设置绞磨机、充气囊助浮、牵引海底电缆入水、绞磨机牵引登陆、登陆点锚固并拆除气囊、沉放海底电缆至设计路由海床。海底电缆始端登陆示意如图2.17所示，实拍如图2.18所示。

2.2.5 海中段敷设

在海底电缆始端登陆或登上平台后，施工船就开始进入海中段敷设阶段，朝向对侧登陆方向前进。带动力定位系统（DP）的施工船在大多数海域可采用自带的动力系统使船舶前进或左右偏移；对于无法满足DP吃水深度的浅水区域，可采取“慢速

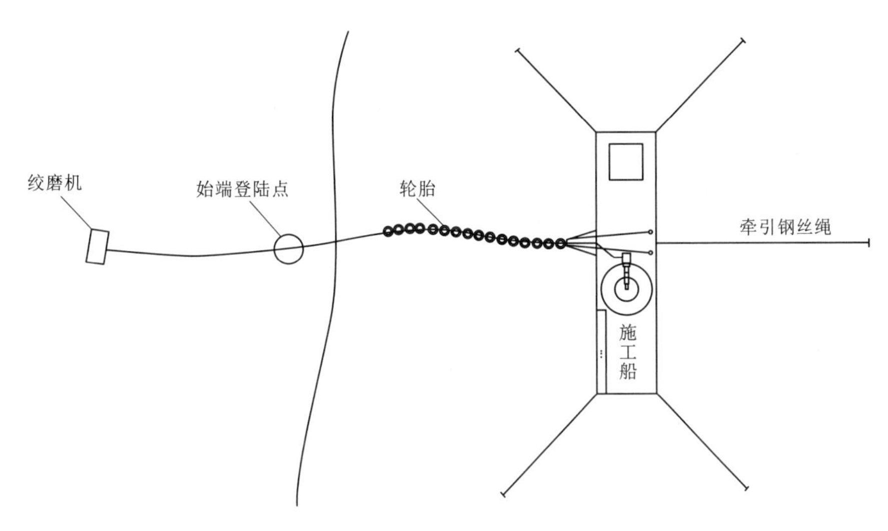

图 2.17　海底电缆始端登陆示意图

图 2.18　海底电缆始端登陆实拍图

绞锚牵引式埋设施工”工艺进行海底电缆敷设，即施工船上设置牵引卷扬机，收绞预先敷设在路由轴线上的连接主锚的牵引钢丝绳，牵引施工船，施工船再牵引水下埋设机。海底电缆通过导缆笼进入埋设机后被埋设于海床上。埋设施工过程由 DGPS 定位、监控系统监测，埋设机监控系统显示海底电缆埋设深度，调节埋设机水压来控制埋设深度。对于施工船产生的路由偏差，非动力定位的施工船利用绞锚、拖轮或锚艇顶推加以调整，带 DP 的施工船在水深满足吃水条件下采用主动偏航调整，在流急或大风期间，带 DP 的施工船也需辅助牵引钢丝绳，以策安全。海中段海底电缆埋设现场如图 2.19 所示，敷设过程中的控制示例如图 2.20 所示。

海中段敷设过程分为警戒船舶布置、埋设机投放、施工船绞锚前进或动力推进、海底电缆退扭、敷设施工、埋设机回收等几个主要过程。

(1) 警戒船舶布置。现场所有施工船上均安装船舶自动识别系统 (AIS)，并设专人查看。敷设施工过程中需配备警戒船舶，必要时需海巡艇现场警戒辅助，警戒范围为施工船左右500m，前后500m，警戒船舶平面布置示意如图2.21所示。

图2.19 海中段海底电缆埋设现场

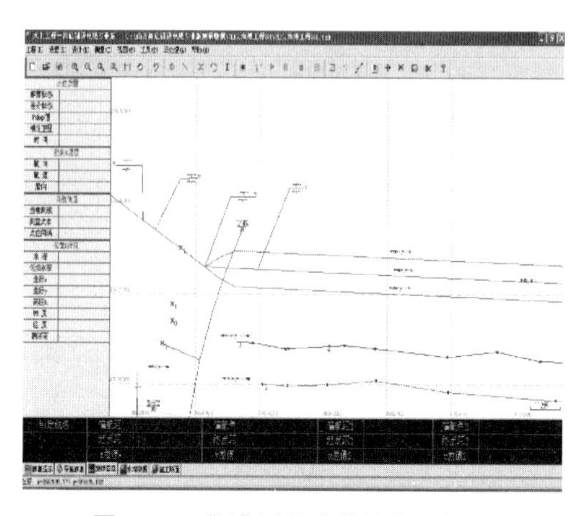

图2.20 敷设过程中的控制示例图

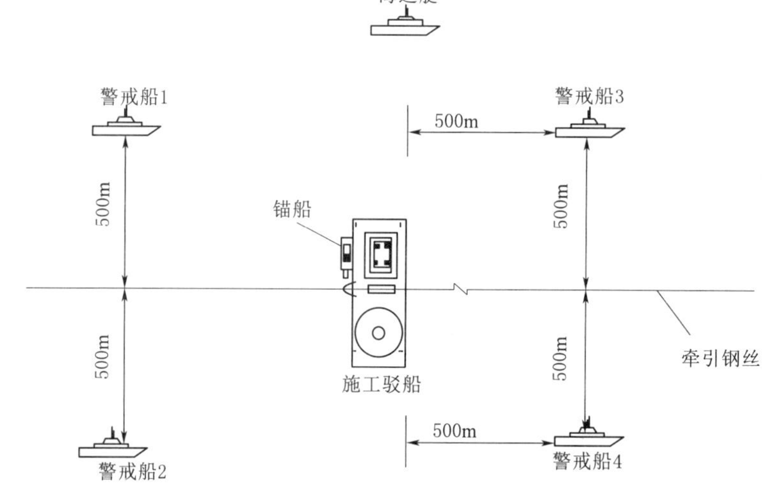

图2.21 警戒船舶平面布置示意图

图2.22 高压水喷式埋设犁

（2）埋设机投放。高压水喷式埋设犁（图2.22）投放时，海底电缆先通过入水槽进入埋设机腹腔，关上门板，然后利用扒杆吊机将埋设机吊入水中，缓缓搁置在海床面上。埋设速度由施工船推进速度或卷扬机的绞锚速度实时调节，埋设深度通过埋设机牵引速度、水泵压力、牵引力、牵引姿态等手段来控制，或通过变幅水力开沟机调节。埋设机埋设深度一般为0～4m，埋设深度公式为

$$d = L - S \times \sin\theta \tag{2.10}$$

式中 d——埋设深度，m；

L——埋设机水力刀长度，m；

S——埋设机水力刀转轴距泥面高度，m；

θ——埋设机水力刀与海床面角度，(°)。

大型船舶往来的海域需进行深埋敷设作业，目前国内水力机械埋设机具有开沟宽度窄及回淤速度快的优点。

埋设机投放作业流程如图 2.23 所示，埋设机回收顺序与投放顺序相反。

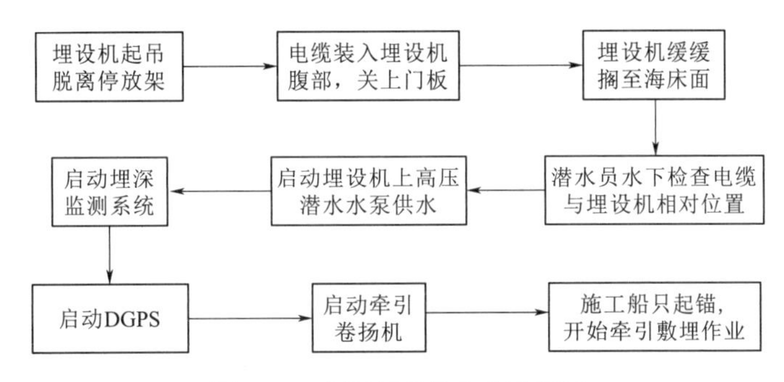

图 2.23 埋设机投放作业流程图

(3) 施工船绞锚前进或动力推进。作业时海底电缆施工船需要具备良好的抗流性能，在 6～7 节水流中能保持良好姿态，施工船工作水深可以是 2～100m 的任何水深。施工船上的卷扬机绞动钢丝绳，沿主锚方向带动施工船前进，施工船船舷配有拖轮或锚艇，在必要时对施工船进行顶推，辅助施工船沿着设计路由前进；动力定位的施工船舶则可采用动力推进。施工船周围配置锚艇、工作艇、护航船、交通船，以维护海上秩序。海底电缆绞锚式深埋敷设作业示意图如图 2.24 所示。

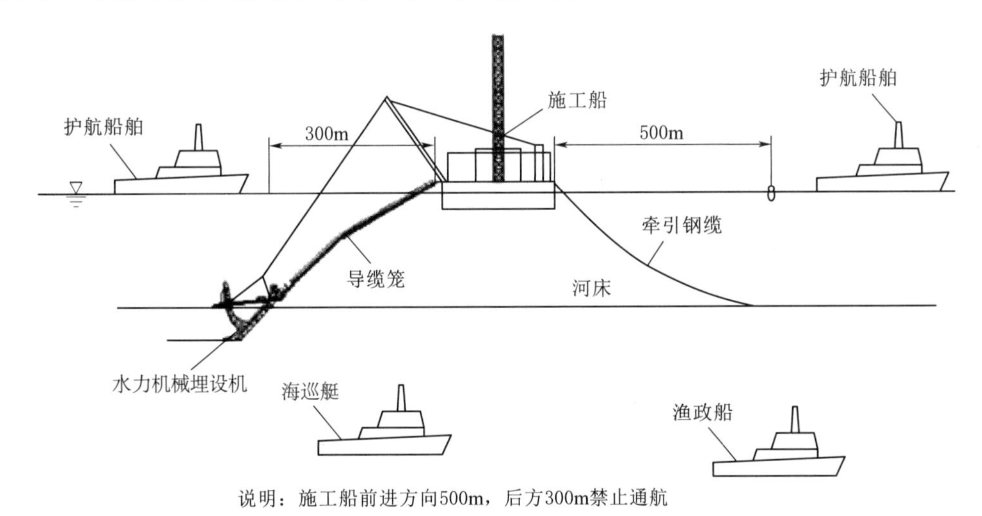

图 2.24 海底电缆绞锚式深埋敷设作业示意图

（4）海底电缆退扭。海底电缆退扭贯穿于过缆敷设的全过程中。在敷设中，当电缆施工船开始敷设电缆时，前进中遇到的第一个问题就是海底电缆退扭。目前海底电缆施工过程中的退扭方式多选取平面退扭，该方式最重要的部分是可旋转的电动转盘。电动转盘的下面装有回转机构，自身带有驱动装置，能够配合布缆机的海底电缆敷设速度调节自身旋转速度，将海底电缆释放到海床上，此过程海底电缆所经过的机械设备如图2.25所示。利用平面退扭能保证施工船在受到风、流的影响时，即使在一定的晃动下也能保持平衡。

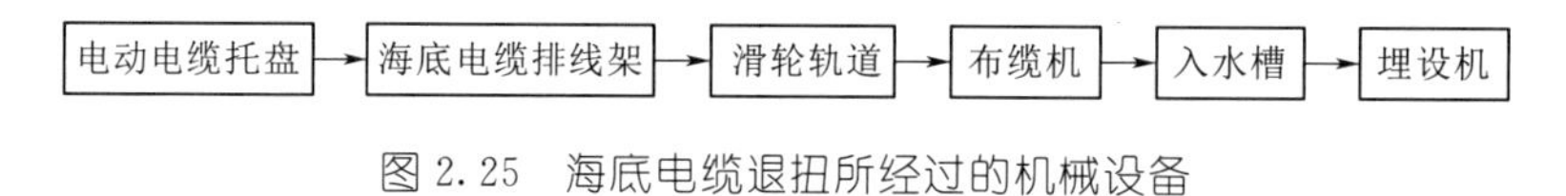

图2.25　海底电缆退扭所经过的机械设备

（5）敷设施工。海底电缆敷设可分中间出缆和船尾出缆两种敷设方法，其中船尾出缆的敷设方法国内应用较少，较多的是中间出缆。海底电缆敷设或埋设时应随时观察主牵引钢丝绳受力情况及电测数据变化，入水角控制为45°～60°，在埋设机下坡时应缓慢牵引，随时调整埋设机姿态，确保埋设深度及海底电缆安全。根据水深变化，及时调整导缆笼长度，做到勤拆勤装。导缆笼安装时，必须安装出水面以上0.5m，信号缆必须与主牵引钢丝绳相对固定。施工船应显示规定的信号灯，并悬挂好施工旗。

（6）埋设机回收。到达终点或需要临时提升埋设机时，一般按照以下操作规程：调整牵引钢丝绳和埋设机起吊索具将埋设机移位至距船尾7m处，逐件卸去导缆笼，采用卷扬机将埋设机吊出水面，调整牵引钢丝绳及起吊索具将埋设机搁置在专用停放架上，将海底电缆从埋设机的腹腔通道内释放至入水槽中。

2.2.6　管线交越施工

对于设计路由与原有管线存在交越的施工海域，需要先将海底电缆抛敷后再进行交越段保护。施工之前，需取得交越路由精确坐标。施工中，距离交越点200m左右时，应认真核对DGPS的定位及埋设机的姿态情况，密切观察水深及潮流状况。管线交越施工方式如下：

（1）在施工前路由观测及扫海作业时将交越海底电缆进行准确定位，以便在敷设、埋设作业中准确地按照设计要求对敷、埋设进行转换。

（2）施工经理将掌握的交越管线路由点输入施工船的动力定位系统中，并分别设置交越前埋设结束点及埋设恢复点。海底电缆的埋设犁结束点及恢复点设置为路由交越点前后100m，施工船在在经过交越点前，施工经理将逐步降低施工船埋设速度，并同时控制埋设犁逐渐降低埋设深度。

（3）当埋设犁达到交越点前100m时，埋设犁液压犁刀提升至海床表面，采取不起犁直接 0m 拖犁交越的方式进行交越，埋设犁控制部门通过控制系统关闭埋设犁水下泵，埋设犁停止工作。

（4）当埋设犁经过交越管线 100m 后，敷设结束转换为埋设，埋设犁控制部门通过控制系统开启埋设犁水下泵，埋设犁犁刀逐渐下压，直到达到设计要求的埋深，恢复正常埋设作业。

（5）对交越区域的相关经纬度进行准确记录，以便提交给交越电力电缆/其他海底电缆业主单位。

（6）交越段后保护。交越段裸露的海底电缆采用套保护管或压覆保护的方式。

2.2.7 终端登陆

终端登陆是海底电缆的敷设已至终点，开始登陆或登上海上平台。

终端登陆流程为：八点锚泊定位—海底电缆入水轮胎助浮—海底电缆形成 Ω 形—设置活络转头—截断封堵防潮处理—牵引海底电缆至末端—登陆点锚固并拆除浮胎—沉放海底电缆至设计路由海床，示意如图 2.26 所示。

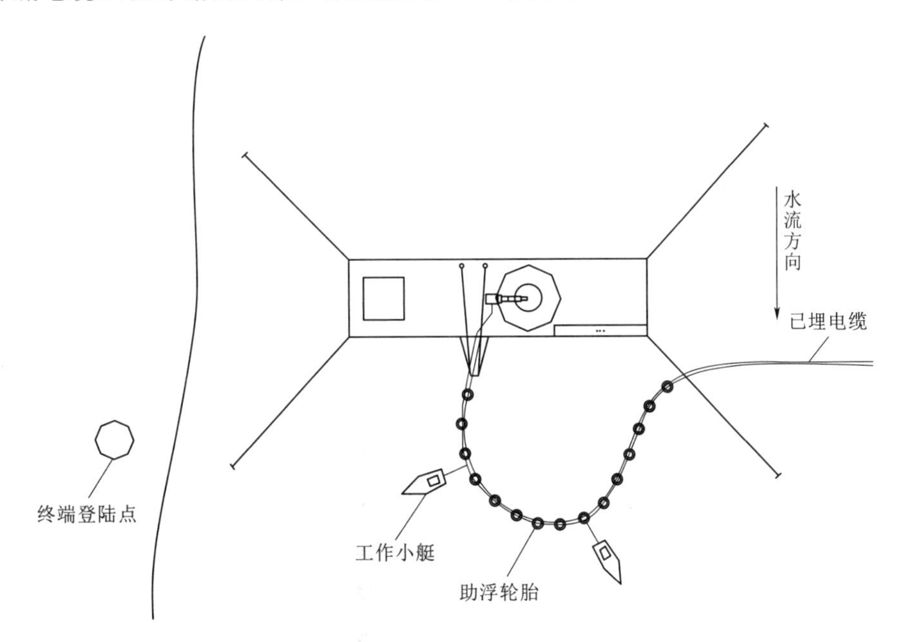

图 2.26　海底电缆终端登陆示意图

（1）电缆埋设施工至终端登陆点附近后，应立即下锚固定船位并定位于海底电缆设计路由上。施工船应根据实际水深尽量向登陆点接近，并利用八字开锚将施工船调整至与岸线平行。

（2）海底电缆登陆由履带布缆机送出，启动布缆机将海底电缆通过入水槽送入水中。在海底电缆入水段每隔 2m 垫以充气内胎，并使用气囊助浮，使之在水面上呈

Ω形。

(3) 海底电缆不断送出后在水面上逐渐形成一个逐渐扩大的Ω形。工作艇监视和控制海面上海底电缆弯曲情况，防止海底电缆打小圈。

(4) 待施工船电缆盘上的一个带钢丝网套的铅封端头牵引出施工船后，在钢丝网套上设置活络转头，并与设置在终端平台处绞磨机的牵引钢丝绳连接，启动绞磨机牵引。海底电缆牵引施工时，沿海底电缆登陆路由设置滚轮，减少海底电缆牵引时的摩擦力。待海底电缆牵引施工完成后，在 DGPS 的定位下，沿登陆段海底电缆逐个拆除浮运海底电缆的气囊，将海底电缆按设计路由沉放至海床上。

2.2.8 海底电缆保护

在特殊地形冲刷区进行施工时，需采取防冲刷措施以对海底电缆进行保护，具体为抛石支撑及混凝土块压载法，如图 2.27 所示。该方法在海底电缆路由上礁石区段一定范围内抛填块石，代替块石的材料可以是砂袋，砂袋中装一定比例的粗砂和水泥。砂袋质量由冲刷条件和施工能力决定，做到不被冲刷运移。抛填砂袋完成后再在海底电缆上方用混凝土块覆盖，可提高覆盖层抗冲刷和锚勾等外力破坏的能力。

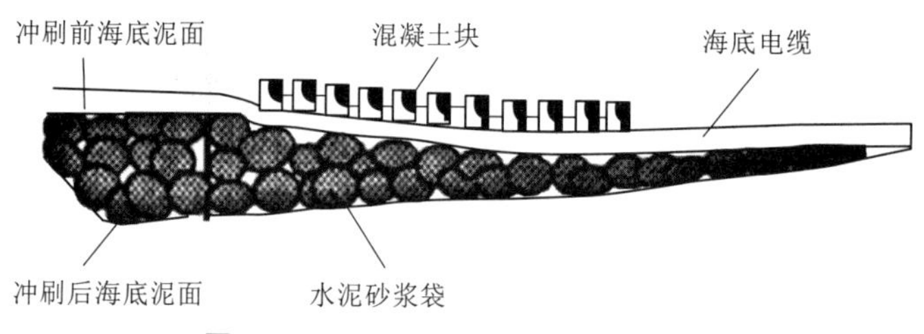

图 2.27 抛石支撑及混凝土块压载法

对于礁石段沟槽、潮间带、管线交越段海底电缆均可采用安装海底电缆专用护套管方式保护海底电缆，如图 2.28 所示。即在平潮时由潜水员在水下完成保护套管的安装工作，船上的施工人员做好上下联系及材料、工具的供应工作。为了防止保护套管受潮水影响来回移动，可对其进行水泥浇筑固定。

图 2.28 礁石段保护套管保护电缆

2.2.9 质量检查与验收

海底电缆敷设施工完成后，应严格参照相关标准进行海底电缆敷设施工质量检查与验收。检查与验收时应对海底电缆路由轨迹、缆间距、埋深、电气特性、电缆弯曲半径、保护措施、与其他管线交跨情况、标识等进行抽样复测，对流程图中所列关键控制点按照规范要求或设计要求进行逐项检查。

参照标准如下：

(1) GB 50168—2018《电气装置安装工程 电缆线路施工及验收标准》。

(2) GB/T 51191—2016《海底电力电缆输电工程施工及验收规范》。

(3)《国家电网有限公司输变电工程验收管理办法》[国网（基建/3）188—2019]。

(4)《国家电网公司输变电工程标准工艺管理办法》[国网（基建/3）186—2015]。

(5)《国家电网有限公司输变电工程安全文明施工标准化管理办法》[国网（基建/3）187—2019]。

(6)《国家电网有限公司输变电优质工程评定管理办法》[国网（基建/3）182—2019]。

(7)《绿色施工导则》（建质〔2007〕223号）。

2.2.9.1 海底电缆路由检查

(1) 施工过程中，通过DGPS控制并记录海底电缆的敷设轨迹，再与设计路由比较，将偏差控制在设计允许的敷设偏差范围内。

(2) 施工完成后，采用可探测海底电缆的水下设备进行复测，检查与设计路由的一致性。

(3) 海底电缆严禁交叉、重叠，相邻的电缆应保持足够的安全距离，不宜小于该段路由年均高潮位水深的1.2倍。平行敷设时，海底电缆与海底管道之间的水平距离原则上不小于50m，受条件限制的特殊情况下不得小于15m。

2.2.9.2 海底电缆埋深检查

(1) 敷设过程中，应有专人对埋设机姿态进行监控，发现埋深显示与设计数值有偏差时应及时调整。

(2) 施工完成后，采用可探测海底电缆埋设深度的水下设备进行复测，检查与设计要求的一致性，关键区域可派遣潜水员进行海底探摸抽查。

(3) 除特殊要求外，海底电缆埋设深度一般允许正偏差，即埋深超过设计要求深度。

2.2.9.3 海底电缆电气特性交接试验

海底电缆在敷设安装完成之后交接之前，应开展安装后电气试验，目的是检验敷设安装过程中海底电缆（包括工厂接头）是否出现损伤，海底电缆附件安装质量是否满足标准，敷设安装后的试验项目包括：①主回路绝缘电阻试验；②时域反射计试验（TDR）；③主绝缘交流耐压试验，直流电缆可采用直流耐压试验。

1. 主回路绝缘电阻试验

海底电缆主回路绝缘电阻测量应采用2500V及以上电压的绝缘电阻表。耐压试验前后，绝缘电阻应无明显变化。试验原理接线图如图2.29所示。

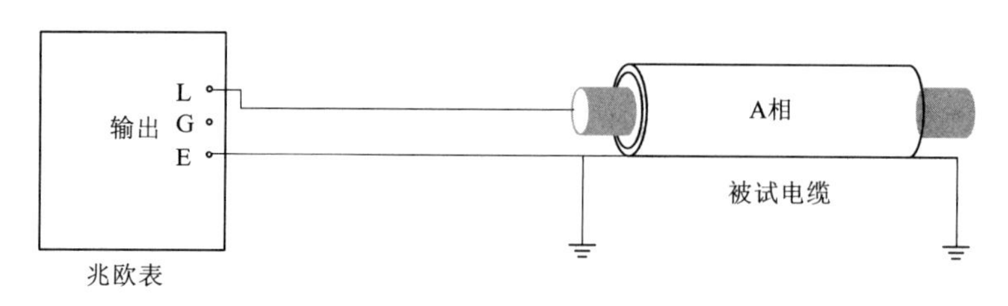

图 2.29 主回路绝缘电阻试验原理接线图（以 A 相为例）

试验主要步骤如下：

（1）对被试相电缆两端进行充分放电并接地，用干燥清洁柔软的布擦净电缆终端。

（2）解开被试相电缆两端接地线。

（3）将兆欧表放置平稳，检查兆欧表是否工作正常，将兆欧表的接地端头“E”与被试品的接地端相连，兆欧表的测量端头“L”与被试电缆线芯相连。

（4）数据稳定后，记录绝缘电阻值。

（5）断开与被测样品的高压线，关闭兆欧表。

（6）对被试相电缆两端进行充分放电并接地。

（7）试验改接线，对下一相进行主回路绝缘电阻试验。

2. 时域反射试验

海底电缆安装以后宜进行时域反射试验，以获得海底电缆行波传输特性的特征参数。采用脉冲反射技术，反射计向海底电缆发送合适的测试脉冲，脉冲信号在海底电缆中以一定速度传播。在海底电缆的任何一个电气特性发生改变的地方部分脉冲信号都会发生反射，传回至反射仪的脉冲信号显示在仪器屏幕上。试验原理接线图如图 2.30 所示。

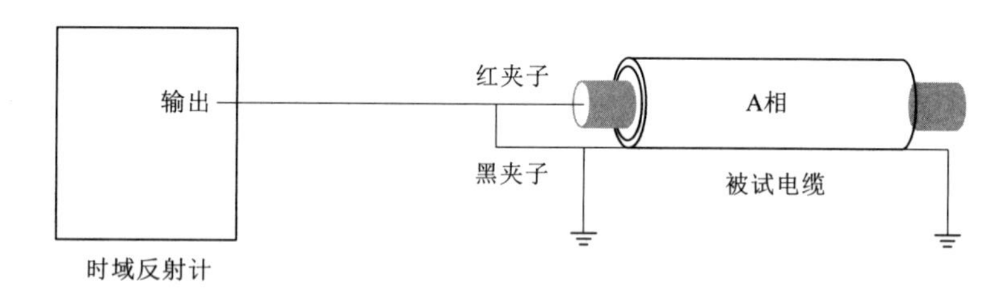

图 2.30 时域反射试验原理接线图（以 A 相为例）

试验主要步骤如下：

（1）确保操作安全，被试相电缆两端充分放电后接地，然后把两端接地断开。

（2）打开仪器电源开关，等待 1min 后，仪器进入低压脉冲工作方式。

（3）根据现场测试电缆长度调节显示范围，比如现场电缆长度为 L(m)，设定显示范围为 1.2L(m)，同时系统自动调节发射脉冲宽度。

（4）信号输出线的红夹子接完好电缆，黑夹子接屏蔽。

（5）按“波形 A”单次触发，再按“保存”，保存当前波形。

（6）对测量结果进行存盘作为原始记录保存。

（7）被试相电缆两端接地等待充分放电后，试验改接线，对下一相进行时域反射计试验。

3. 主绝缘交流耐压试验

海底电缆及其附件安装完成后应进行主绝缘交流耐压试验，根据相关标准要求选择施加交流试验电压幅值及时间。以 500kV 海底电缆线路为例，交流试验电压为 493kV（$1.7U_0$），频率为 10～500Hz，时间为 1h。

主绝缘交流耐压试验采用变频串联谐振法，试验原理接线图如图 2.31 所示，在海底电缆导体与金属套（地）之间施加试验电压。

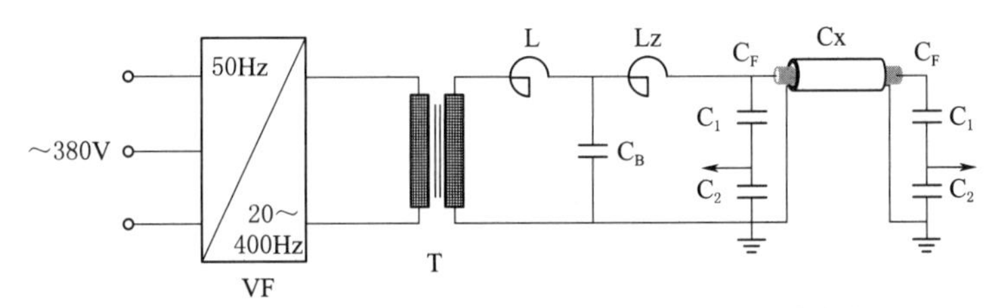

VF—变频电源；T—励磁变压器；C_B—补偿电容器；Lz—阻塞电抗器；
L—谐振电抗器组合；C_F（C_1, C_2）—电容分压器；Cx—被试品

图 2.31　变频串联谐振耐压试验原理接线图

对 500kV 海底电缆主绝缘耐压同步开展局部放电试验的推荐加压步骤如图 2.32 所示。

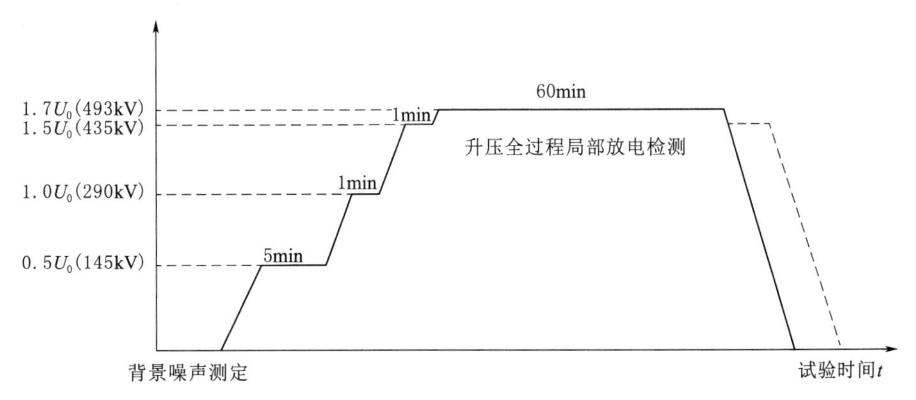

图 2.32　加压步骤示意图

加压步骤如下：

（1）合闸后，零电压状态时进行同步局部放电背景噪声测定。

（2）上升到 $0.5U_0$（145kV），保持 5min，同步进行局部放电检测。

（3）上升到 $1.0U_0$（290kV），保持 1min，同步进行局部放电检测。

(4) 上升到 1.5U_0 (435kV)，保持 1min，同步进行局部放电检测。

(5) 升压至 1.7U_0 (493kV)，保持 60min，同步进行局部放电检测。

(6) 若在 1.7U_0 (493kV) 电压下检出异常局部放电信号，1.7U_0 电压 60min 结束以后，线性降压至 1.5U_0 (435kV)，在该电压下进行局部放电检测，局部放电检测结束后执行步骤 (7)；若在 1.7U_0 (493kV) 电压下未检出异常局部放电信号，直接执行步骤 (7)。

(7) 线性降压至零电压状态，同步进行局部放电检测。

(8) 加压程序完成后，加压侧线挂接地棒后，被试相海底电缆两端接地，等待充分放电后，试验改接线。

2.2.10 环保措施

按照《中华人民共和国环境保护法》以及地方法规和行业企业要求，为防止船舶污染海域，维护海域生态环境，必须采取有效措施，控制施工现场对环境的污染和危害。

2.2.10.1 大气环境保护

柴油机废气的排放按国家排放标准控制；施工现场垃圾应及时清理，运到指定的垃圾堆放区；除设有符合规定的装置外，禁止在施工现场焚烧油毡、塑料、橡胶等易产生有害烟尘和恶臭气体的物质。

2.2.10.2 水环境保护

船舶的压舱、洗舱、机舱等含油污水、机械设备产生的废油及含油废水禁止直接排入水域，必须进行隔油和沉淀，达到排放标准后方可排放。也包括食堂含油污水、厕所污水等生活污水，须在港口油污水处理设施接收处理。港口无接收处理条件，船舶含油污水又确需排放时，应事先向港务监督提出书面报告，经批准后按规定条件和指定区域排放。

2.2.10.3 通航环境保护

海底电缆埋设施工期间，施工船只对各航线上正常航行的船舶可能会有一定影响，施工前应与相关主管单位做好协调工作，发布海上作业通告，以便过往船舶配合。同时，施工单位应加强对施工船只的管理，规范船舶的航行行为，加强瞭望工作，并制定应急预案。

2.3 海底电缆运维技术

海底电缆线路通常敷设于海底表面或在海底表层浅埋，运行环境较陆上电缆线路更为复杂、恶劣，运维工作难度较大。运维检修工作的主要目的是保障海底电缆工程投运后的安全稳定运行，运维技术主要包括智能监测、巡视检查、故障检测和定位以及应急处置。

2.3.1 智能监测技术

海底电缆的智能监测主要包括海底电缆运行状态、路由水面船只等运行相关信息的监测，可通过海底电缆综合在线监测系统实现。

1. 海底电缆温度应力监测

海底电缆温度应力监测系统利用布里渊散射效应对海底电缆的温度、应变分布等信息进行实时监测，评估海底电缆载流量，并对海底电缆异常进行报警和定位，保障海底电缆安全运行，实现海底电缆动态增容，系统示意如图 2.33 所示。

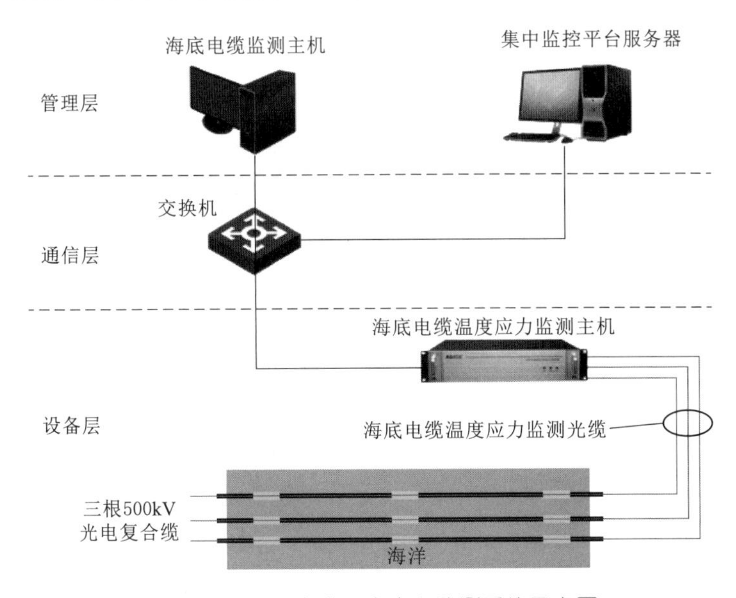

图 2.33　海底电缆温度应力监测系统示意图

2. 海底电缆扰动监测

海底电缆扰动监测系统利用基于激光干涉原理设计的光纤信号反馈系统对海底电缆的扰动进行实时监测，对洋流冲刷引起的海底电缆位置移动、砂石剧烈摩擦、船只落锚振动和挂缆拖拽等引起的海底电缆扰动进行报警和定位。系统内置专家数据库，能有效滤除潮汐、海浪、过往船只、动物游动等自然环境干扰，精确辨别船只拖拽海底电缆、船只在海底电缆周围抛锚等事件类型。系统示意图如图 2.34 所示。

3. AIS

AIS 结合全球定位系统（GPS）技术，实时收集装有 AIS 设备船舶的 AIS 信号，获得进入海底电缆保护区域船舶的标识信息、位置信息、运动参数和航海状态等重要数据，及时掌握附近海面所有船舶的动静态资讯，并能显示和自动储存。具有告警、查询、统计、向通过海底电缆保护区的船舶发送预警信息，以及提示不要在海底电缆保护区域内停留和抛锚的功能。系统示意图如图 2.35 所示。

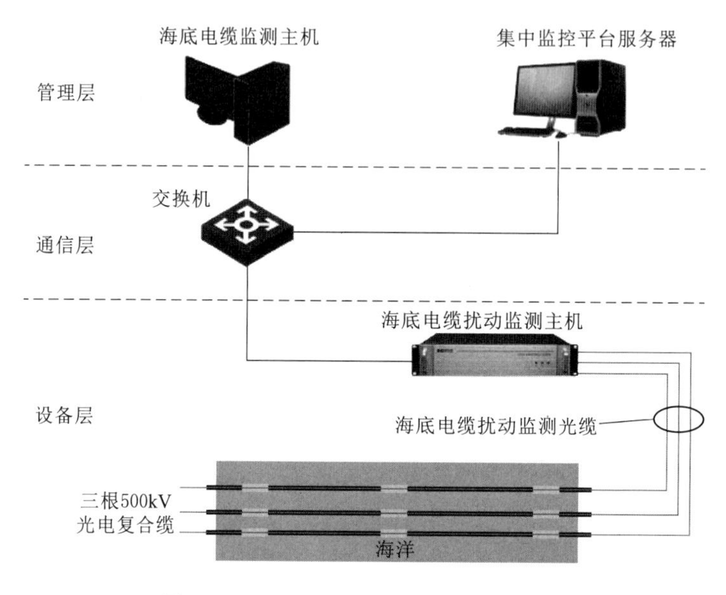

图 2.34　海底电缆扰动监测系统示意图

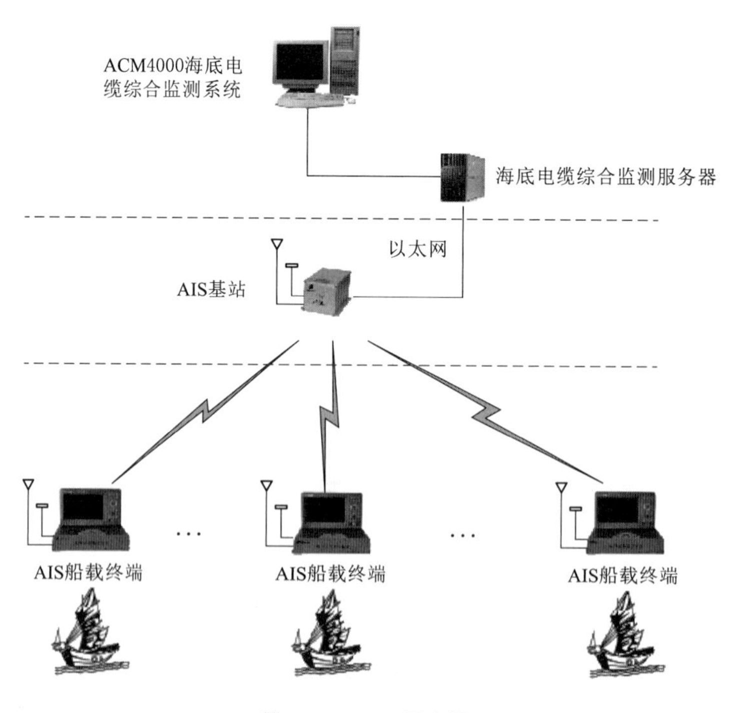

图 2.35　AIS 示意图

海底电缆综合在线监测系统平台集成了海底电缆温度应力监测系统、海底电缆扰动监测系统和AIS三个系统（图2.36）。采用电子海图显示平台作为综合在线监测平台的展示窗口，可实现电子海图和陆图的调图、拼接、显示，支持海图投影计算功能，动态显示AIS物标船舶，包括船舶物标的航速、航向、船艏向等信息。当发生预警和报警时，电子海图显示平台将突出显示报警和预警信息，包括预报警位置和预报警类型。

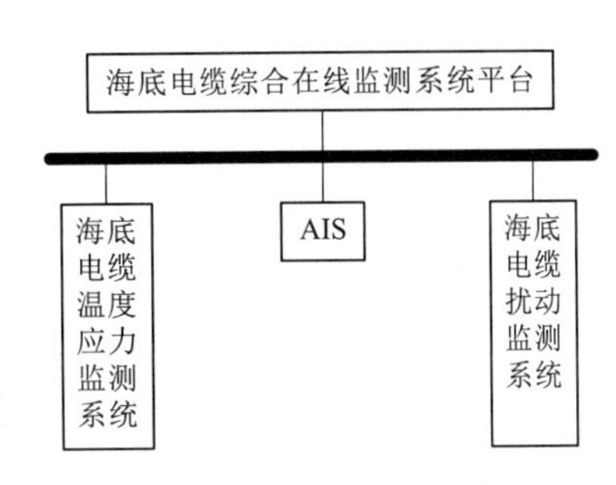

图2.36 海底电缆综合在线监测系统平台框架图

系统特点如下：

（1）系统平台界面可显示各功能模块监测的数据及结果，并根据不同权限实现不同管理功能，对突发事件进行监测预警。

（2）系统具有开放性架构，提供符合国际标准的通信方案，预留同外界通信的通信接口。

（3）后台软件能对系统进行远程访问，能查看所有的监测数据和报警信息，能对系统进行参数设置、远程调试。

（4）系统具备安全记录功能，可储存一年以内的历史数据，并可进行有效审核；可以对历史数据进行查询、统计，可输出报表或曲线。

（5）系统提供强大的数据库，可存储所有监测数据、配置数据、侵害报警数据以及所有报警日志。测量过程中可同步浏览，可通过时间段、事件或标题找到报警日志。报警日志内容应包括报警时间、报警地点、侵害模式及故障状态、当时值班人员情况等详细内容。

2.3.2 巡视检查

2.3.2.1 海底电缆巡视项目

海底电缆巡视主要分为定期巡视、故障巡视、特殊巡视和监察巡视。

（1）定期巡视是为保证海底电缆线路正常运行，及时发现运行中存在的问题所进行的周期性巡视。定期巡视的范围为全部海底电缆及附属设备。

（2）故障巡视是当海底电缆发生故障时进行的有目的性的故障点查找和探测。海底电缆运行管理单位发现海底电缆故障后应及时查找和探测海底电缆线路的故障点位置。

（3）特殊巡视是在气候变化明显、自然灾害、外力影响、保供电、大潮汛、系统异常运行和其他特殊情况下安排进行的有针对性的巡视。特殊巡视根据需要及时进行，巡视的范围为全部海底电缆、海底电缆部分缆段或某附件。

（4）监察巡视是海底电缆运行管理单位的领导或技术人员为了解海底电缆运行情况，检查指导海底电缆巡线人员的工作而进行的巡视。

2.3.2.2　海底电缆巡视周期和内容

海底电缆巡视主要包括海底电缆警示标志、防雷设施和接地系统、海底电缆终端、海底电缆登陆段、海底电缆海中段、海底电缆监控设备以及海底电缆标志牌的巡视。若发现缺陷，应按照海底电缆运行管理要求及时进行消缺，并做好消缺记录。

1. 海底电缆警示标志的巡视

海底电缆警示标志应进行定期巡视，周期为每月两次。海底电缆警示标志部分巡视内容包括：

（1）检查海底电缆警示标志及其他附属设施有无损坏、丢失等情况。

（2）检查海底电缆警示标志是否醒目，夜间发光是否正常，瞭望是否清楚。

（3）海底电缆路由区域设有浮标警示标志的，也应检查其是否完好。

海底电缆警示标志巡视结果应进行记录。

2. 海底电缆防雷设施和接地系统的巡视

海底电缆防雷方设施和接地系统应进行定期巡视，周期为每月两次。高气温、高负荷时应加强对海底电缆接地系统的测温监视，周期为每周一次，特殊情况可适当调整。海底电缆防雷设施和接地系统巡视内容主要有：

（1）检查线路避雷器及其计数器是否正常，检查并记录放电计数器的计数值，检查泄漏电流是否在正常运行允许范围值之内。

（2）检查接地系统接触是否良好、牢固，有无严重锈蚀现象，接地引下线电流是否正常。

（3）检查避雷器引下搭头线和连接点有无松动或发热现象，引下线有无散股或断股，形状有无变形。

（4）检查避雷器套管是否完整，表面有无放电痕迹。

海底电缆的接地系统巡视结果应进行记录。

3. 海底电缆终端的巡视

海底电缆终端设备应进行定期巡视，周期为每月两次。海底电缆终端设备巡视的主要内容有：

（1）检查海底电缆终端有无损坏、渗水、漏油、积水、放电等情况。

（2）检查终端房内设备发热情况。

（3）检查终端房内电气设备是否有异常放电。

（4）检查终端房周围是否有塑料薄膜等漂移垃圾。

（5）检查终端房内设备清洁情况。

（6）检查海底电缆终端头有无损伤或锈蚀。

（7）检查海底电缆终端头密封性能是否良好。

（8）检查海底电缆终端头的接线端子、地线的连接是否牢固。

（9）检查海底电缆终端头的引线有无爬电痕迹，对地距离是否充足。

（10）检查海底电缆终端绝缘套管的盐层。

海底电缆的接地系统巡视结果应进行记录。

4. 海底电缆登陆段的巡视

海底电缆登陆段应进行定期巡视，周期为每周一次。定期巡视一般安排在潮位最低时进行。海底电缆登陆段有异常时，应增加巡视次数。海底电缆登陆段巡视的主要内容有：

（1）检查登陆段路由周围有无水流冲刷、工程施工、水产养殖等可能危及海底电缆安全的情况。

（2）检查登陆段海底电缆有无裸露、磨损等情况。

（3）检查临近海岸海底电缆是否有潮水冲刷现象，海底电缆保护套管、盖板是否有露出水面或移位等情况。

（4）检查海底电缆登陆段是否有新增海上排污口和倾倒物。

海底电缆登陆段巡视结果应进行记录。

5. 海底电缆海中段的巡视

海底电缆海中段必要时采用出海定期巡视。有条件的海底电缆运维管理单位在非禁渔期，应对海底电缆海中段每周一次出海全线巡视。在禁渔期，应对海底电缆海中段每两周一次出海全线巡视。出海巡视海底电缆时，风力应小于8级，能见度应大于100m。海底电缆海中段巡视的主要内容如下：

（1）海底电缆保护区内及附近是否有挖砂、钻探、打桩、张网、养殖、航道疏通活动和施工作业船只。

（2）海底电缆保护区内及附近是否有船只停泊、抛锚、拖锚情况。

（3）海底电缆保护区内及附近海面是否有油面出现。

（4）对海底电缆保护区外停泊的船舶应密切关注其是否会移锚进入保护区。

（5）密切关注海底电缆保护区内通航船只、施工船只情况并进行记录和上报。

6. 海底电缆监控设备的巡视

海底电缆监控设备应进行定期检查，周期为每月一次。海底电缆监控设备主要包含海底电缆瞭望台设备、海底电缆视频监视设备、海底电缆在线监测设备及监视、监测信号传输通道等。海底电缆监视、监测设备巡视结果应进行记录。若发现缺陷，应按照海底电缆运行管理要求及时进行消缺，并做好消缺记录。

7. 海底电缆标志牌的巡视

海底电缆的标志牌应进行定期巡视，周期为每月两次。海底电缆的标志牌巡视主要内容有：

（1）检查标志牌及其他附属设施有无损坏、丢失等情况。

（2）检查标志牌是否清晰、规范。

海底电缆的标志牌巡视结果应进行记录。

2.3.3 故障检测及定位技术

2.3.3.1 海底电缆故障原因和类型

1. 海底电缆故障原因

造成电缆故障的原因有机械损伤、绝缘老化变质、过电压、材料缺陷、设计和制作工艺不良以及护层腐蚀等。根据历年来海底电缆故障的统计，引起海底电缆故障的原因一般有：

（1）船舶抛锚引发的海底电缆损伤。

（2）海底电缆护管和海底电缆之间的摩擦造成海底电缆护层及绝缘层逐渐磨损，直至损坏。

（3）海底电缆交叉点部分经常发生摩擦，久而久之，其海底电缆护层及绝缘层发生损坏而造成相间短路故障。

（4）地壳变动对海底电缆形成的强拉力造成海底电缆损伤。

（5）潮汐能引发的波浪流使海底电缆移位和摆动。

（6）海洋微小生物和有机体长时间在海底电缆表面附着对海底电缆的化学腐蚀。

2. 海底电缆故障类型

海底电缆故障类型按故障性质可分为低阻故障和高阻故障。

（1）低阻故障指的是故障点绝缘电阻下降至该海底电缆的特性阻抗（即海底电缆本身的直流电阻值），甚至直流电阻为 0 的故障，也称短路故障。

（2）高阻故障指的是故障点的直流电阻大于该海底电缆的特性阻抗的故障，可分为断路故障、高阻泄漏故障和闪络性故障。其中断路故障是指故障点电阻无穷大，电气回路不连续；高阻泄漏故障是指在海底电缆高压绝缘测试时，试验电压升高到一定值，金属套接地流超过允许值的高阻故障；闪络性故障是指试验电压升至某值时，海底电缆局部出现闪络放电现象，金属套接地电流突然波动，而此现象随电压稍降而消失，但海底电缆绝缘仍然有较高的阻值，由于这种故障点没有形成电阻通道，只有放电间隙或闪络性表面的故障，而称为闪络性故障。

2.3.3.2 海底电缆故障检测及定位

海底电缆故障检测及定位一般经过诊断、测距（预定位）、定点（精确定位）3 个步骤。海底电缆故障发生后，先通过绝缘电阻等方法，初步判断出故障的性质；然后根据故障类型，采用合适的测量方法，初步测出故障的距离位置；最后沿着海底电缆走向在此位置前后仔细探测定点，直到找出精确的故障点位置。

1. 故障检测方法

（1）故障发生后，一般先用万用表、绝缘电阻表等测量故障海底电缆的相间和相对地绝缘电阻。绝缘电阻检测一般应按表2.6的要求进行。

表2.6　海底电缆绝缘电阻阻值

电压等级及类别	使用绝缘电阻表规格	绝缘电阻内容	换算到长1km、20℃时的绝缘电阻
500kV	5000～10000V	相一地	＞500MΩ

（2）结合故障情况以及绝缘电阻的测量情况初步判断海底电缆的故障类型，再根据不同的故障类型针对性地选择故障检测方法。

（3）海底电缆故障修复后，应进行耐压试验。500kV海底电缆交流耐压试验电压为394kV，耐压时间为1h，试验电压频率为10～500Hz。

（4）非故障停电超过一个星期但不满一个月的海底电缆，在重新投入运行前，应用绝缘电阻表测量绝缘电阻。如有疑问时，须做耐压试验，检查绝缘是否良好；停电超过一个月但不满一年的，须做耐压试验，其试验电压为所规定的一半电压，时间为1min。

2. 故障定位步骤

由于海底电缆具有距离长、信号衰减大的特点，应根据海底电缆的故障类型、敷设特点等综合考虑，采用合适的方法来进行故障检测。快速准确定位故障点，可大大缩短海底电缆修复时间，减少因海底电缆故障停电造成的经济损失。故障定位步骤如下：

（1）确定故障性质。了解故障海底电缆的有关情况以确定故障性质，判断故障为接地、短路、断线，还是其混合；是单相、两相，还是三相故障。

（2）故障测距。故障测距为粗测，是在海底电缆的一端采用相应的故障测试方法初步确定故障距离，缩小故障点范围，便于更快找到故障点。

（3）精确测定故障点。按照故障测距结果，依据海底电缆路由资料，找出故障点大致位置，在初步确定的区域内，采用对应的定点仪器，确定故障点的精确位置。

3. 故障定位方法

海底电缆绝缘性能与陆上电缆一致，因此故障定位技术可参考陆上电缆。当前，海底电缆故障测距技术主要有利用海底电缆阻抗探测海底电缆故障（即阻抗法）和利用海底电缆中的行波探测海底电缆故障（即行波法）两大类。

（1）阻抗法通过测量和计算故障点到测量端的阻抗，然后根据线路参数，列写求解故障点方程，求得故障距离。

（2）行波法又分为低压脉冲反射法、脉冲电流法和二次脉冲法。具体如下：

1）低压脉冲反射法适用于海底电缆的低阻、短路与断路故障，而不能用于高阻与闪络故障。

2）脉冲电流法通过线性电流耦合器采集海底电缆中的电流行波信号，以高压击穿海底电缆故障点，用仪器采集并记录击穿故障点所产生的电流行波信号，通过测量故障点放电脉冲在故障点与测量端之间的运动时间来确定海底电缆故障距离。

3）二次脉冲法是最新发展的海底电缆故障预定位方法，其原理是先发射1个低压脉冲，低压脉冲在高阻或间歇性海底电缆故障点不能被反射，而在海底电缆末端发生开路反射，仪器将这个显示海底电缆全长的波形存储起来；之后高压电容器放电，使海底电缆故障点发生闪络，在故障点起弧的瞬间也会触发1个低压脉冲，并叠加在高压信号上从故障点发生短路反射。将前后2次低压脉冲波形进行叠加对比，2条轨迹将有清楚的发散点，该点即为故障点。但是二次脉冲法对起弧后的低压脉冲发射间隔要求比较高，如果故障点受潮严重，故障点击穿过程较长，低压脉冲的发射间隔将相应增加；且故障点维持低阻状态的时间不确定，施加二次脉冲时的控制有难度。

海底电缆故障检测及定位流程如图2.37所示。

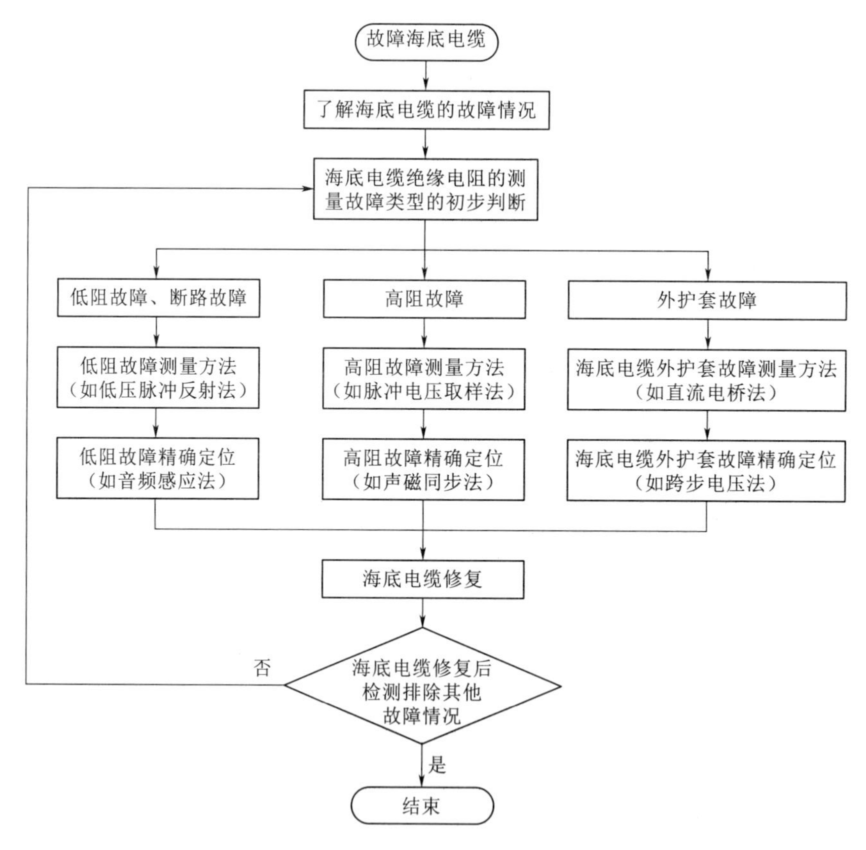

图2.37　海底电缆故障检测及定位流程图

2.3.4　应急处置

海底电缆应急处置应构建应急响应机制和联动响应机制，建立应急保障措施，并制定应急抢修预案。

1. 应急响应机制

建立应急响应机制，制定海底电缆应急报告制度，成立应急指挥机构，确立应急响应的处置原则，编制应急响应保障措施。海底电缆故障发生后，运维单位应第一时间启动应急响应体系，应急指挥机构即刻运作。应急指挥机构包括应急抢修指挥部、抢修现场指挥部和抢修专业工作组。

2. 联动响应机制

同海上执法部门修订切合海底电缆实际的应急联动机制及管理办法，做到在海底电缆故障发生后，可在最短时间内完成海上施工工程许可审批。同海底电缆及附件供货厂家达成海底电缆备品备件动态储备协议，保证厂家技术人员能及时完成海底电缆备品备件的发运和现场抢修准备工作。

3. 应急保障措施

建立应急保障措施，包括技术保障、物资保障和人员保障。

（1）技术保障方面：组织有针对性的联合海底电缆故障抢修演习，定期组织应急抢修及演练；关注研发大截面、高质量的海底电缆打捞及抢修新工艺、新装备，积极采用新设备、新技术，不断完善海底电缆在线监测技术和防外破措施。

（2）物资保障方面：保障海底电缆应急抢修所需的通信设备、交通设备、抢修装备等的配备，建立备品备件和抢修器材的台账，同海底电缆及附件供货厂家达成备品备件的储备协议。

（3）人员保障方面：建立海底电缆应急抢险专业工作组档案，加强海底电缆抢修的队伍建设和人员技能培训，通过模拟演练、技能比武等手段提高抢修人员的应急处理能力。

4. 工器具和备品备件准备

根据海底电缆抢修需要，配足相应的抢修装备，如抢修车辆、检修船只、各类抢修专用工具和装备、安全工器具、海底电缆故障检测和定位装置等。实时掌握现场可调用的抢修装备资源，建立信息数据库，明确现场应急抢修装备的类型、数量、性能和存放位置，并建立相应的维护、保养和应急调用措施。

5. 应急抢修预案

结合该海底电缆线路设计路由的地质特征信息、海底电缆保护方案，分登陆段和海域段两部分开展差异化的应急抢修预案编制，涵盖抢修专业队伍建设、抢修船只准备、抢修装备系统集成、抢修作业指导书编制等内容。尤其针对海底电缆抢修接头的打捞、修复与再敷设保护工艺做详细说明，对应急抢修预案的符合性、适用性和有效性进行评估。

第3章

典型海底电缆工程

近年来，随着跨海联网和海上风电工程的建设步伐加快，海底电缆工程也不断增多，在电压等级、绝缘材料、制造工艺、敷设安装等方面不断取得新的突破。浙江舟山500kV联网工程是我国第二个500kV海岛联网工程，也是世界上首个应用500kV交联聚乙烯海底电缆的工程，该工程的实施标志着我国海底电缆的发展迈上了一个新的台阶。英国Hornsea海上风电工程是目前世界上规模最大的海上风电场，其220kV送出海底电缆也是目前世界上最长的交流海上风电送出海底电缆，该工程在送出海底电缆拓扑连接方式、载流量计算方法、集电海底电缆电压等级、集电海底电缆绝缘材料等方面代表了海底电缆的新技术发展方向。

3.1　浙江舟山500kV联网工程

3.1.1　工程概况

2011年6月30日，国务院正式批准设立国内首个以海洋经济为主题的国家级新区——浙江舟山群岛新区。舟山地处海岛，所有动力燃料用油、用煤等全部依靠外地调入，时段性、季节性能源供应紧张现象时有发生；同时，舟山电网属于终端电网，是浙江电网中唯一未覆盖500kV网架的地级市，舟山与大陆的联网方式以及本地电网网架相对薄弱，供电可靠性得不到充分保障，大规模电源建设及新能源发展也遇到“瓶颈”。为了保障舟山群岛新区电力的可靠供应，满足区域社会经济发展用电需求，提高舟山电网抵御自然灾害能力和安全稳定水平，需要建设舟山与大陆的500kV联网工程。

根据浙江电网规划，舟山500kV联网工程需要建设两回500kV海底电缆线路，输送容量为2×1100MW。新建的镇海—舟山一回、二回500kV海底电缆线路，路由长度为2×17km，海底电缆两端分别通过镇海终端站和大鹏岛终端站与架空线连接。海底电缆导体截面为1×1800mm²，采用交联聚乙烯绝缘材料。

浙江舟山500kV联网工程是世界上首个应用交流500kV交联聚乙烯绝缘海底电

缆的工程，也是我国首次使用自主研发制造的 500kV 海底电缆。该工程第一回海底电缆于 2019 年 1 月投产，第二回海底电缆于 2019 年 6 月投产。

3.1.2 海底电缆路由

浙江舟山 500kV 联网海底电缆工程起于宁波 500kV 镇海终端站，止于舟山 500kV 大鹏岛终端站，共敷设 6 根 500kV 交联聚乙烯海底电缆。海底电缆路由从镇海终端站向东，在镇海侧登陆点入海，穿越金塘水道后，至大鹏岛侧登陆点，接入大鹏岛终端站，路由全长约 17km。

镇海侧登陆点位于澥浦镇新泓口东顺堤海塘南部，镇海终端站位于新泓口围垦区内。大鹏岛侧登陆点位于大鹏岛岬湾中北部，大鹏岛终端站位于海岸附近的山坡上，如图 3.1 所示。

图 3.1 大鹏岛终端站

浙江舟山 500kV 联网海底电缆路由海域海洋开发活动复杂，主要有海底管线、跨海桥梁、锚地、航道、渔业活动、围垦、海塘等。路由穿越了金塘大桥西通航孔航道和主通航孔航道，路由所在的宁波和舟山海洋航运发达，镇海港区、北仑港区和金塘港区等港口码头均离路由区域较近，附近分布有七里、金塘、东霍山等锚地。路由区附近海域海底管线较多，主要有海底原油管道、海底通信光缆、海底输水管道等。

路由所在区域海底地形总体上为西南部高，东北部低，海底水下地形总体平缓，海底坡度不足 1°。路由海域处于现代长江水下三角洲的南缘，穿越杭州湾口浅滩、堆积冲刷平原、潮流冲刷槽三个主要海底地貌单元，底质类型有淤泥质粉质黏土、砂质粉土、亚黏土、基岩四种。路由区域一般水深 5～13m，最大水深为 50m。

3.1.3 海底电缆及附件

海底电缆工程被世界各国公认为是最复杂困难的大型工程，在海洋勘察、海底电缆设计与制造、敷设安装等诸多方面，都存在巨大挑战。在浙江舟山 500kV 联网工程实施之前，国内外交流交联聚乙烯绝缘海底电缆最高应用电压等级为 420kV。为了顺利建设浙江舟山 500kV 联网工程，国家电网浙江省电力公司从 2015 年起，组织国内主要海底电缆生产商，开展了 500kV 海底电缆的研制，并最终成功应用。

浙江舟山500kV联网工程采用单芯圆形紧压铜导体结构，导体截面为1×1800mm²，海底电缆绝缘材料采用交联聚乙烯，金属护套采用铅合金护套。金属护套和铠装采用两端直接接地方式，接地点位于两端海底电缆终端站内。

海底电缆的额定参数见表3.1。

表3.1 海底电缆额定参数表

序　号	项　目	单　位	数　值
1	系统额定电压	kV	290/500
2	系统最高工作电压	kV	550
3	系统频率	Hz	50
4	雷电冲击耐压水平	kV	1550
5	操作冲击耐压水平	kV	1175
6	海底电缆设计使用年限	年	30
7	运行最大水深	m	50
8	短路电流水平	kA/s	63

浙江舟山500kV联网工程的两回海底电缆由中天科技海缆股份有限公司、宁波东方电缆股份有限公司、江苏亨通高压海缆有限公司三家生产商制造，海底电缆的结构示意图如图3.2所示。

海底电缆终端采用500kV户外式瓷套式终端，外绝缘爬电距离为18755mm，由特变电工昭和（山东）电缆附件有限公司制造，如图3.3所示。电缆终端的额定电压及其绝缘水平均不低于电缆的额定电压及绝缘水平。

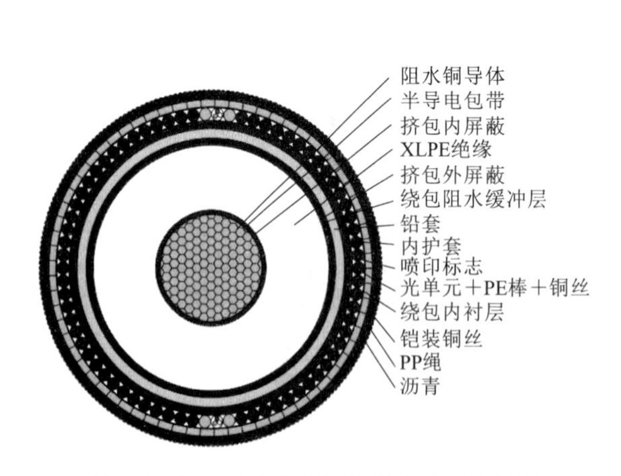

图3.2　500kV交联聚乙烯海底电缆结构图

图3.3　500kV海底电缆终端现场安装图

浙江舟山500kV联网工程在世界范围内首次应用了500kV交联聚乙烯海底电缆工厂接头。工厂接头外形为圆柱形，两头加装弯曲限制器，安装防水外壳后的工厂接头直径为 690mm，长度为 4190mm，重量为 1000kg（不含弯曲限制器），如图 3.4 所示。

图 3.4　工厂接头防水外壳

3.1.4　海底电缆敷设施工

浙江舟山 500kV 联网工程海底电缆分为终端站内敷设、登陆段敷设、潮间带敷设、水下敷设四个部分。

海底电缆在终端站内采用电缆沟敷设，每根海底电缆各采用一条电缆沟单独敷设，电缆沟尺寸为 1000mm（宽）×1000mm（深）。

登陆段采用电缆沟敷设，每根海底电缆各采用一条电缆沟单独敷设，电缆沟尺寸为 1000mm（宽）×1000mm（深）。镇海侧电缆沟顶部与地表平齐，电缆沟间距 5m；舟山侧电缆沟上部覆土 30～35cm，进行复绿处理，电缆沟间距 5m。翻越规划上塘河时，采用桥架型式（图 3.5）；翻越东顺堤时，在堤坝上部修筑电缆沟。

潮间带海底电缆采用挖沟直埋敷设，埋设深度 2.5m，局部埋深不足处，对电缆进行穿管保护。

海底电缆水下敷设部分全线采用深埋敷设，除航道区和冲刷区采用 3.0m 埋设深度外，其余区域采用 2.5m 掩埋深度。海底电缆采用边敷边埋的机械冲埋施工，如图 3.6 所示。一般区域两根海底电缆间距为 50m，大鹏岛西侧的冲沟深度近 50m，此处海底电缆间距按不小于 1.5 倍水深（即 75m）敷设。

图 3.5　翻越上塘河桥架

图 3.6　海底电缆敷设施工

3.2 英国 Hornsea 海上风电工程

3.2.1 工程概况

目前欧洲海上风电市场蓬勃发展，海上风电场的规模越来越大，距离海岸越来越远，英国 Hornsea 海上风电工程就是其中的典型代表，其在海底电缆应用方面有诸多创新性，引领了海底电缆技术的发展。

英国 Hornsea 海上风电工程由 HOW01 和 HOW02 两个项目组成，位于英格兰约克郡附近。两个项目占地面积都超过 400km^2，HOW01 项目安装了 174 台 7MW 风机，HOW02 项目安装了 165 台 8MW 风机。HOW01 项目总装机容量为 1200MW，工程于 2020 年投产，是世界上首个容量超过 1GW 的海上风电场，也是世界上规模最大的海上风电场。HOW02 项目总装机容量为 1400MW，于 2022 年投产，超越 HOW01，成为世界上规模最大的海上风电场。

英国 Hornsea 海上风电工程的 HOW01 和 HOW02 两个项目均采用 220kV 海底电缆送出，其中 HOW01 项目的送出长度约 3×141km，HOW02 项目的送出长度约 3×128km。HOW01 和 HOW02 项目送出海底电缆系统分别是世界上已建和在建最长的交流海上风电送出海底电缆。

Hornsea 海上风电工程的海上变电站与陆上变电站之间通过 220kV 海底电缆连接，由于输送距离较长，该项目还首次新建了海上无功补偿站来增加系统输出的有功功率。HOW01 和 HOW02 两个项目的集电海底电缆电压等级分别为 33kV 和 66kV。

3.2.2 送出海底电缆系统

HOW01 项目共有三个海上变电站和一个海上无功补偿站，海上送出电缆系统由三回海底电缆线路组成，每回海底电缆线路由以下几个部分组成：①三个海上变电站和无功补偿站之间的三芯海底电缆，长度 66～84km；②海上无功补偿站和三个海陆过渡接头之间的三芯海底电缆，长度 66km。

除了送出海底电缆外，该工程在三个海上变电站之间，还敷设了两回 220kV 海底电缆作为联络线，保持三个变电站之间的电气连接，以提高系统的可靠性，确保整个风电场在故障和维护期间能正常送出发电量。

HOW02 项目与 HOW01 项目非常相似，但存在一定的差异。HOW02 项目只有一个海上变电站，且海底电缆路由略短。海底电缆线路由以下几个部分组成：①海上变电站和无功补偿站之间的三芯海底电缆，长度约 62km；②海上无功补偿站和海陆过渡接头之间的三芯海底电缆，长度约 66km。

海底电缆的导体截面取决于海底电缆线路沿线的电压和电流分布。为了实现导体截面选择的最优化，英国的 Hornsea 海上风电工程采用动态负载计算方法，对海底电缆导体截面选择进行了优化。动态负载主要是基于对风电场风机出力数据的广泛分析，研究其对电缆电流分布的影响。

HOW01 项目的 220kV 海底电缆导体采用三芯铜导体，绝缘采用交联聚乙烯，每根海底电缆内部集成两根光纤，铠装采用非磁性铠装。平行送出的三回海底电缆中，两侧的两回送出海底电缆采用 $3\times1000mm^2$ 截面铜导体、XLPE 绝缘、铅护套、不锈钢/塑料铠装的 220kV 海底电缆，中间的一回送出海底电缆采用了 $3\times1000mm^2$ 截面铜导体、XLPE 绝缘、铅护套、海洋铝线铠装和 $3\times1200mm^2$ 截面铜导体、XLPE 绝缘、铅护套、镀锌钢/塑料铠装两种 220kV 海底电缆。海上变电站之间的联络线采用 $3\times950mm^2$ 截面铝导体、XLPE 绝缘、铅护套、镀锌钢铠装的 220kV 海底电缆。

HOW01 项目的海底电缆附件包括海底电缆现场接头、弯曲限制器、牵引头和锚固装置等。整个工程共应用了 9 套海底电缆现场接头、9 套海陆电缆过渡接头、18 套 GIS 电缆终端、9 套锚固装置。

HOW01 项目的所有海底电缆及附件，在安装前均在工厂内按规定进行了完整的测试及试验，在不到两年的时间里，总共制造和测试了 15 条长度近 500km 的海底电缆，确保了海上工程的顺利施工。

在装船和所有现场施工开始前，HSE（安全、环境、健康管理）部门召开了 HIRA（风险评估）研讨会以确保现场的安全保障。海底电缆敷设前，在路由上完成了大量巨石的清理工作，并进行了挖沟槽的施工，最大限度地减少了实际施工期间的延误风险。

海底电缆的敷设施工是由三艘敷设船进行的，包括几次联合施工和部署活动。弯曲限制器安装、电缆穿过 J 形管以及变电站终端连接均制定了有效的施工计划，为项目调试奠定了坚实基础。

3.2.3 集电海底电缆系统

HOW01 项目的集电海底电缆电压等级为 33kV，采用了传统的半干式 XLPE 绝缘电缆，其结构为：绞合压实铜导体、半干式 XLPE 绝缘、铜丝屏蔽、阻水层复合综合铝护层、聚乙烯护套、镀锌钢丝和聚丙烯绳。集电海底电缆由 Nexans 和 JDR 共同供货，总长度达到 380 km。

为了增加电缆的输送距离，减小海底电缆长度，降低功率损失，HOW02 项目的集电海底电缆电压等级为 66kV。该项目集电海底电缆由 Prysmian 和 JDR 共同供货，两家供应商的电缆设计有些不同，JDR 提供常规 XLPE 半干式电缆，Prysmian 提供湿式 EPR 电缆。

第4章

国内外重要海底电缆技术差异分析

4.1 地理环境与使用条件差异

由于海底的海洋地质和海洋水文特点，海底电缆敷设和运行条件与陆上电缆有很大的差异，了解清楚海洋环境对海底电缆的顺利敷设和安全运行至关重要。对于海洋地理环境与海底电缆使用条件，国外工程与国内工程存在不少差异，国内的广大海域也不尽相同。这些差异与海底电缆结构、敷缆装备、保护设施、运维方式有很大的相关性。

4.1.1 国外典型的地理环境与使用条件

1. 欧洲的北海和地中海

欧洲敷设海底电缆的主要海域有北海和地中海，其中英—法海底电缆是全世界第一根海底电缆。

北海位于大西洋东北部边缘海，位于大不列颠岛、斯堪的纳维亚半岛、日德兰半岛和荷比低地之间，北部以开阔水域与大西洋连成一片，东经斯卡格拉克海峡、卡特加特厄勒海峡与波罗的海相通。海区南北长 965.4km，东西宽 643.6km，面积 57.5 万 km^2。

除靠近斯堪的纳维亚半岛西南端有一平行于海岸线的宽 28～37km、水深 200～800m 的海槽外，北海大部分海区水深不超过 100m，南部浅于 40m。英格兰北面外海有很多冰碛物构成的沙洲、浅滩，其中面积达 650km^2 的多格浅滩水深仅 15～30m，是世界著名的浅海之一。

北海是陆缘海，原来是欧洲大陆的一部分，第四纪冰期以后海水上升，北海和不列颠群岛才形成。受海流特别是北大西洋暖流影响，属温带海洋性气候，冬季不结冰，夏季气温不高。北海表层海水水温 2 月最低，8 月最高；冬季西北海区水温为 7.5℃，而东南海区为 2℃；夏季则相反，西北海区为 13℃，东南海区为 18℃；在冬季偶尔有风暴潮。

海底沉积物主要为冰川砾石、沙和粉沙。北海海底海床大部分为泥沙层，深度不一，较多地方达到5m深。海底土壤热阻系数实测分布0.25～1.0K·m/W，以约0.5K·m/W居多。

北海海底蕴藏着丰富的石油和天然气，是世界第九大油田分布区，挪威和英国是最大的开采国。北海也是世界上四大渔场之一，鲜鱼产量占了近世界的一半。

北海是世界上最大的海上风电场开发海域，当前欧洲国家电网互联使用的大量大长度海底电缆集中在北海海域。

地中海是欧洲、非洲和亚洲大陆之间的一块海域，由北面的欧洲大陆、南面的非洲大陆和东面的亚洲大陆包围着，西面通过直布罗陀海峡与大西洋相连，东西共长约4000km，南北最宽处约为1800km，面积约为251.2万km^2，是世界最大的陆间海。

地中海海底起伏不平，海岭和海盆交错分布，以亚平宁半岛、西西里岛到非洲突尼斯一线为界，把地中海分为东、西两部分。东地中海要比西地中海大得多，海底地形崎岖不平，深浅悬殊，最浅处只有几十米（如亚得里亚海北部），地中海平均深度1450m，最深点是希腊南面的爱奥尼亚海盆，为海平面下5121m。

2000年投运的±400kV意大利与希腊联网海底电缆工程，长163km，最深水深1000m，如图4.1所示。

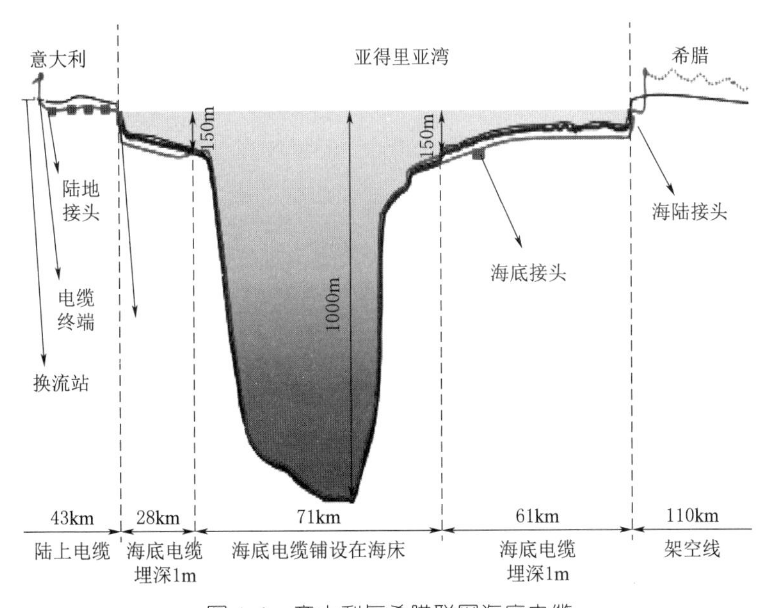

图4.1 意大利与希腊联网海底电缆

2008年投运的±500kV意大利本土与撒丁岛联网海底电缆工程，长425km，最深水深1650m，如图4.2所示。

正在建设的±500kV希腊本土与克里特岛联网海底电缆工程，长335km，最深水深1200m。

2. 北美

北美目前的海底电缆主要集中在太平洋沿岸的加拿大温哥华岛和大西洋沿岸的美国纽约港一带，典型项目如温哥华岛500kV交流海底电缆工程和纽约长岛直流海底电缆工程。

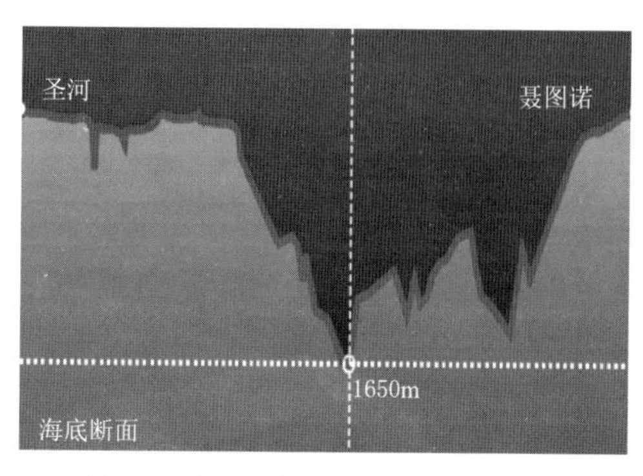

图4.2 意大利与撒丁岛联网海底电缆

加拿大温哥华岛海底电缆通过西海岸的乔治亚海峡连接加拿大本土与温哥华岛，如图4.3所示。乔治亚海峡是位于加拿大不列颠哥伦比亚省西南部大陆与温哥华岛东岸中部之间（西经124°0′，北纬49°20′）北太平洋东部的狭窄水道，平均长222km，宽28km。乔治亚海峡的北端是一堆岛屿，隔开约翰斯通海峡和夏洛特皇后海峡。南端以美国华盛顿州的圣胡安群岛为标志。海峡中部通道的深度为275～400m，海峡中还有特克塞达岛和拉斯克蒂岛。

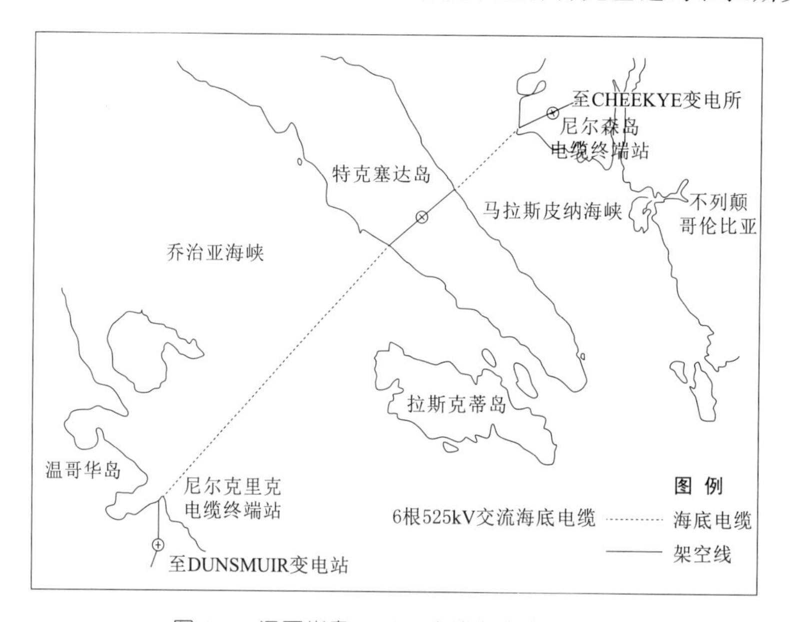

图4.3 温哥华岛500kV交流海底电缆路由

温哥华岛二回6根500kV交流海底电缆为充油海底电缆，长度约39km，海底埋深1.5～2.0m，海底淤泥热阻系数0.7K·m/W。因为路由最深处达400m，为了降低损耗，电缆采用了双层扁铜线铠装。

纽约长岛海底电缆穿越纽约港湾的长岛海峡，连接新英格兰电网和纽约长岛电网，如图4.4所示。纽约港湾是临近美国纽约市的哈德逊河河口周边所有河流、海湾及潮汐河口的总称。港湾有两条主要航道，一条是哈德逊河口外南面的恩布娄斯航道，长 16km，宽 610m，维护深度 13.72m，由南方或东方进港的船舶经这条航道进入纽约湾驶往各个港区；另一条是长岛海峡和东河，由北方进港的船舶经过这条航道。哈德逊河入海口的狭水道，水深 30 多米，东河水道大部分河段水深在 18m 以上，最深处近 33m。

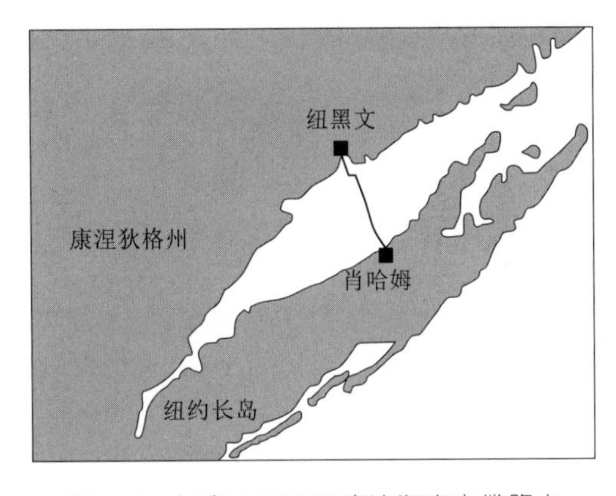

图 4.4 长岛±150kV 直流海底电缆路由

长岛 2 根±150kV 直流海底电缆为 XLPE 绝缘海底电缆，长度约 40km，海底埋深约 1.8m，因为路由最深处只有 30 多米，所以电缆采用的是普通镀锌钢丝铠装。除此之外，长岛附近还有另一项 NEPTUNE 500kV 直流海底电缆项目，为 MI 绝缘电缆，长度约 82km。

3. 日本

日本是由本州、四国、九州、北海道四个大岛和几千多个小岛组成的西北太平洋岛国，东侧为太平洋，西侧为面临俄罗斯、朝鲜、韩国的日本海，南侧为我国东海。

日本海面积约为 100 万 km^2，南北长为 2300km，东西宽为 1300km，平均水深 1350m，最大深度 3742m。东海海域面积约 77 万 km^2，东海大陆架平均水深 72m，全海域平均水深达 349m，最深处接近冲绳岛西侧，约为 2700m。东侧太平洋沿岸水深从几十米到几百米直至几千米，距离某海岸 200km 处有水深 1 万多米的马里亚纳海沟。

除众多连接亚洲诸国和北美的海底光缆外，日本的海底电缆主要分布在三湾一海地区的内部岛屿电网互联。三湾一海是指东京湾、伊势湾、大阪湾和濑户内海地区，这里集中了东京、千叶、横滨、川崎、名古屋、大阪、神户等日本工业区及重要港口。东京湾为一陷落海湾，面积 1160km^2，海岸线总长 154km，大部分水深 30m 左右。伊势湾深入内陆 70km，湾内风平浪静，水深港阔。大阪湾长约 50km，宽约 30km，为一天然良港。濑户内海位于本州西部与九州、四国之间，是个狭长内海，一共分布着大大小小的岛屿 3000 多座，濑户内海东西长 440km，南北宽 5～55km，面积 19500km^2，一般水深 20～40m，有些海峡处较深一些，如鸣门海峡深达 217m。另外，还有本州与北海道之间的津轻海峡，东西长 100km 以上，宽 20～50km，一般水深约 200m，最深约 450m。

实例工程之一为连接本州、四国纪伊海峡的直流海底电缆，电缆长度约 50km，路由最大水深约 70m。实例工程之二为连接本州、北海道津轻海峡的直流海底电缆，电缆长度约 43km，路由最大水深约 450m。

4.1.2 国内典型的地理环境与使用条件

我国拥有近 300 万 km^2 的海域和 18000km 长的大陆海岸线，北起中朝界河鸭绿江口，南至中越界北仑河口，有 11000 余个岛屿。早期的海底电缆一般用于海岛与大陆联网，如福建、浙江、广东、山东一些岛屿的供电，后来上海崇明、浙江舟山、福建厦门和平潭等发展到高压海底电缆联网，近来更是出现了海南、舟山超高压 500kV 海底电缆工程。目前海上风电在我国迅猛发展，是海底电缆的主要应用和供货市场。从北边的辽宁到南边的海南，都将涌现大片的海上风电场及海底电缆项目。

1. *渤海海域*

渤海是我国最北端的海域，是一个半封闭的大陆架浅海，是我国的内海，被山东半岛、辽东半岛和华北平原环绕，东部以渤海海峡与黄海相通，在辽宁、河北、山东、天津三省一市之间。

渤海海水平均水深 18m，面积约 7.7 万 km^2。渤海沿岸水浅，特别是河流注入地方仅几米深，而东部的老铁山水道较深，最深处达到 86m。辽东湾、渤海湾、莱州湾水深大多小于 30m，渤海中央盆地水深 20～25m，渤海海峡老铁山水道北槽水深 70m，南槽水深 86m。

渤海水温变化受北方大陆性气候影响，2 月在 0℃左右，8 月达 21℃。严冬来临，除秦皇岛和葫芦岛外，沿岸大都冰冻。

渤海是我国海洋石油天然气开发的一大基地，海上平台之间由一些供电的海底电缆连接。在西岸的河北乐亭海域和南端的山东莱州湾规划有海上风电基地。

2. *黄海海域*

黄海在中国与朝鲜半岛之间，是太平洋的边缘海。南以长江口北岸到韩国济州岛一线同东海分界，西以渤海海峡与渤海相连，面积约 40 万 km^2。

黄海基本为大陆架，流入的各河挟带泥沙过多。海水平均深度 44m，中央部分深 60～80m，最大深度 140m。表水温度夏季为 25℃，冬季为 2～8℃。黄海北段辽东半岛附近海域在严冬时海面会结冰。

黄海分为北黄海和南黄海。北黄海是指山东半岛、辽东半岛和朝鲜半岛之间的半封闭海域，海域面积约为 8 万 km^2，平均水深 40m，最大水深在白翎岛西南侧，为 86m。长江口至济州岛连线以北的椭圆形半封闭海域，称南黄海，总面积为 30 多万平方千米，南黄海的平均水深为 45.3m，最大水深在济州岛北侧，为 140m。江苏苏北淤积厉害，离岸 50km 以内水深普遍较浅，大丰海域还具有大片的沙洲，水深一般为 10～30m。苏北海岸中南侧是向外淤的海滩，北侧有一些受到冲刷的海滩。

北黄海的辽宁庄河、山东半岛海域规划有海上风电基地，南黄海的江苏苏北海域则是我国在建的最大海上风电基地。

3. 东海海域

东海位于中国大陆与台湾岛以及日本九州岛和琉球群岛之间，北与黄海相连，南以广东南澳岛到台湾岛南端连线与南海分隔，是一个比较开阔的边缘海，海水平均深度约 370m，面积约 77 万 km^2。

东海位于亚热带，年平均水温 20～24℃，年温差 7～9℃。但夏季受到西太平洋热带气旋的影响，经常有台风登陆。

东海分为东海陆架、东海陆坡和冲绳海槽三大部分。东海陆架海底向东南缓倾，平均水深 72m，大部分水深 60～140m。东海的内陆架紧临中国大陆，从北到南由上海、浙江到福建的厦门湾，大量河流泥沙在内陆架沉积，长江入海处沙洲面积较大，水深 30～50m，从舟山群岛往南水深 20～60m。陆架南部的台湾海峡长约 375km，最窄处约 130km，海峡海底地形起伏不平，大部分水深不超 60m，深处达 80m，在中南部存在一个海底浅水区，与澎湖列岛连成一片。海峡底部一部分是泥沙沉积物，也有一部分是裸露岩石。

东海陆坡位于大陆架坡脚，北段坡脚平均水深约 700m，中段坡脚平均水深约 1000m，南段坡脚平均水深约 1800m。

东海陆坡以东为冲绳海槽，海槽长约 1200km，宽 140～220km，水深北浅（约 700m）南深（大于 1000m）。

东海海域的舟山群岛是我国海底电缆布局最密集的地方，最高电压等级的交流 500kV 交联聚乙烯绝缘海底电缆加强连接舟山与大陆联网，该工程海底电缆路由如图 4.5 所示。另外上海海域、浙江海域、福建海域都规划了较大规模的海上风电基地，并正在如火如荼建设之中。

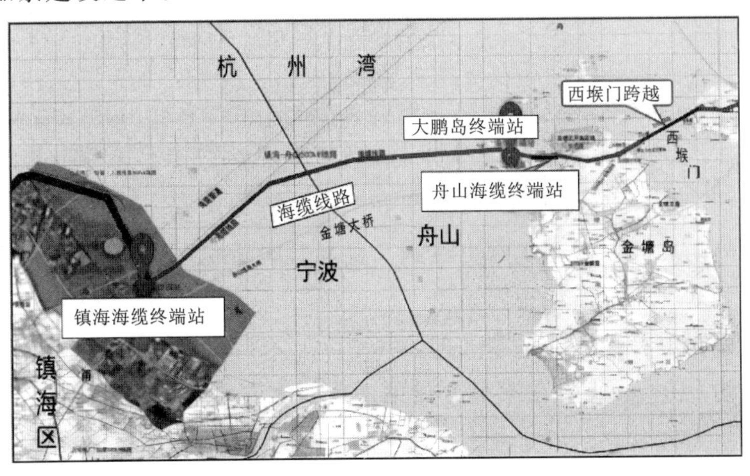

图 4.5 舟山联网海底电缆路由

4. 南海海域

南海位于中国南部，南边的曾母暗沙靠近加里曼丹岛，东邻菲律宾群岛，西面是中南半岛和马来半岛。南海海域辽阔，海水平均深度约1212m，最深处的马尼拉海沟东南端达到5377m，面积约350万km^2。

南海地处低纬度地域，是我国海区中气候最暖和的热带深海，海中分布着许许多多的珊瑚礁和珊瑚岛。南海海水表层水温高（25～28℃），年温差小（3～4℃），终年高温高湿，长夏无冬。

南海水深、域广、风大，既有交替的季风，又多猛烈的台风，是全球台风活动的主要区域之一，海浪之大为我国陆缘海之冠。海面风速大，西沙海区年平均风速在50m/s以上，最大月均风速为80m/s，年平均5级以上大风日数在33天左右。南海海区的雷暴有较大的季节变化和地区变化。

南海从周边向中央倾斜，依次为大陆架、大陆坡、深海盆，其中大陆架占了48.14%的面积。大陆架深度一般为0～150m；由大陆架往内一环是陡峭的大陆坡，大陆架到大陆坡转折处的水深是150～180m，大陆坡水深为100～3500m。

我国广西和广东的海岸位于西至北部湾东至台湾海峡南口的南海北部大陆架，北部湾平均水深42m，最深达100多米；雷州湾水深8～30m；琼州海峡平均水深44m，最大深度为114m。粤西阳江海域近海20～50m，粤东潮汕海域近海20～40m。

广东和海南联网已经建设了二回500kV交流海底电缆工程。广东、广西、海南海域近年来均规划布局了海上风电基地，其中广东海域的容量最大。我国第一回±500kV交联聚乙烯绝缘直流海底电缆和第一回330kV交联聚乙烯绝缘交流海底电缆将在粤西海域阳江青洲项目中得到应用。

4.1.3 国内外主要差异

1. 水深条件

对于海底电缆（除海底光缆和脐带缆外），欧洲北海海底电缆工程除跨越挪威海槽的一段水深有700～800m外，大部分水深在几十米的范围，而地中海几个项目水深都有上千米之深，最深达1650m。北美海底电缆工程的水深达到几百米。日本的海底电缆工程只是岛屿之间联网，水深也达到几百米。国外水深上千米的工程虽然屈指可数，但水深几百米的工程已经相当多了。

我国目前海底电缆工程的水深大多为几十米，只有海南联网500kV海底电缆工程最深处达到了约110m。我国在深海方面的工程设计经验、产品制造经验、施工敷设经验有待于积累和提升。

2. 恶劣的天气条件

欧洲的北海和地中海只有风暴潮，北美大西洋沿岸偶尔有飓风或龙卷风，其太平洋沿岸存在地震带，日本太平洋沿海有台风也有地震带。

我国的东海和南海海域夏季台风频发，北方海域严寒时会积海冰，这些都会给海底电缆的施工敷设造成困难。

3. 海底洋流条件

海洋洋流与潮汐、海风、海水盐度、气候等因素有关并交互作用，海水既有水平流动又有垂直流动，海流在近海岸和海底处的表现与在开阔洋面上有很大的差别，深层的海水与表层的海水流态相当不同。世界各地海域的洋流流向不同，深海海域在海底电缆路由调查和敷设施工时尤其需关注海底洋流情况。

4.2　电缆结构型式差异

4.2.1　导体选型差异

海底电缆导体选型的差异可从材料、设计、标准规范三方面分析。

4.2.1.1　材料

与陆上电缆相近，海底电缆的导体材料可选用铜和铝。在面对铜或铝的导体材料选择时，需要综合比较两种金属的性能。在不同海底电缆工程条件下，这两种金属各有一定的优势。关于材料的密度与重量，铝的重要优点之一是密度较低，可实现导体的轻量化设计。与铜相比，长度相等、电阻相等的铝导体重量约为铜导体的一半。从原材料供应角度，导体用金属材料的上游来源稳定，一般采用连铸连轧工艺规模生产铜杆或铝杆，实现本地化供应。海底电缆制造商通常直接采购铜杆和铝杆作为原材料，并对材料纯度、外径尺寸、电性能、机械性能等做出规定。

国内海底电缆一般遵循标准和设计惯例，采用铜导体；综合考虑重量、敷设条件、经济性等因素，国外工程会把铝导体列入海底段选项，范围包括中压海底电缆和高压海底电缆。

4.2.1.2　设计

（1）导体类型。挤包绝缘海底电缆导体一般选择二类导体，即多根金属单线绞合的型式。通常采用圆单线紧压绞合；也有采用型线绞合结构，导体直径更小，多用在直流电缆上。在国外海底电缆工程中，有选择一类的实心圆铝导体，具有重量轻、纵向阻水的特点。对于自容式充油海底电缆，采用中空的圆形导体，中心油道填充一定压力的低黏度绝缘油，这种导体一般有两种形式：一种是采用金属螺旋管作为中心支撑，其外绞合圆形单线；另一种采用型单线绞合成中空形式。

（2）电阻（直流）与标称截面。针对电导率这一关键指标，铝是铜的61%～62%。若直流电阻相等，选择铝导体对应的截面积约为铜导体的1.6倍；参照GB/T

3956—2008《电缆的导体》规定的标称截面序列，一般对应两档的差异。国内海底电缆工程一般根据设计要求选取标准中的导体截面，对应规定的直流电阻值。对于高压海底电缆，常见截面包括 $500mm^2$、$800mm^2$、$1200mm^2$ 等。国外海底电缆工程会根据线路设计条件（载流量、电压降、损耗水平、重量等），确定非标的导体截面，专门核算给出对应电阻值。

（3）载流量。导体作为海底电缆承载负荷电流的单元，对于直流电缆，直接计算额定温度的直流电阻即可；对于更为常见的交流电缆，还需要考虑集肤效应和邻近效应对导体的影响；对于大截面导体，交流电阻会显著大于直流电阻。

（4）电压降。直流电缆以直流电阻为准计算电压降。对于常用的中压和高压交流海底电缆，需要考虑交流电阻、电抗计算电压降。

（5）短路。作为海底输配电线路的组成部分，需要考虑短路冲击影响，即导体（及其连接）在故障短路情况下应能承受热与机械冲击作用，并在恢复后保持其传输性能。国内一般参照标准或设计惯例提出短路要求；国外工程会根据实际线路短路水平进行设计，必要时进行考核。

（6）机械性能。海底电缆在安装敷设过程中承受的拉力由铠装层和导体共同承担，需要结合工程设计要求进行核算和验证（如水深、自重、动态张力等）。若包含工厂接头，其导体连接应进行张力和拉断力的型式考核。

（7）连接。海底电缆附件制作时，需要导体与连接器良好配合。国内通常采用压接工艺，或（单线）焊接方式；国外采用机械（螺栓）连接、压接或焊接工艺。

导体连接需进行必要的试验验证，尤其对于大截面导体、铝导体以及铜铝过渡连接场合。海底电缆（绞合）导体在连接前需清除各层和单线间的阻水材料，确保其内部良好接触。

4.2.1.3 标准规范

对于海底电缆导体及材料，国内一般参考 GB/T 3952—2016《电工用铜线坯》、GB/T 3953—2009《电工圆铜线》、GB/T 3954—2014《电工圆铝杆》、GB/T 3955—2009《电工圆铝线》、GB/T 3956—2008《电缆的导体》等标准；国外材料标准有 ASTM B8：11（铜线）、ASTM B233（铝线）等。挤包绝缘海底电缆的产品和试验标准［JB/T 11167—2011《额定电压 10kV（U_m=12kV）至 110kV（U_m=126kV）交联聚乙烯绝缘大长度交流海底电缆及附件》、GB/T 32346—2015《额定电压 220kV（U_m=252kV）交联聚乙烯绝缘大长度交流海底电缆及附件》，对导体做出电气和机械性能的规定。充油海底电缆的导体规定，可参见 GB/T 9326—2008《交流 500 kV 及以下纸绝缘电缆及附件》。

4.2.2 绝缘材料选型差异

海底电缆经过几十年的发展，采用过许多绝缘材料，由于技术的更替，有些已不再采用，目前主流的绝缘材料为交联聚乙烯绝缘及浸渍纸绝缘。由于市场、技术路线及标准原因，国内外的绝缘材料包括选型、结构、工艺控制均存在一定的差异。

4.2.2.1 国内外绝缘材料发展概况

海底电缆按绝缘类型主要划分为：充油、充气、黏性浸渍纸绝缘（传统黏性浸渍纸绝缘和聚丙烯-浸渍纸复合绝缘）、挤出绝缘（交联聚乙烯绝缘、热塑性聚丙烯绝缘）等。

早期海底电缆均采用黏性浸渍纸绝缘（1954年）及充油绝缘（1960年），充油绝缘海底电缆只需要供油保持一定压力，运行可靠性高，同时该产品应用时间长，具有较多的运行经验。截至2017年，国外仍有部分厂家生产充油海底电缆，但是其安装不便，且由于需要供油，维护成本高，加之耐受温度相对较低、输送容量有限等缺点，因而逐步被取代。随着高分子材料的发展，目前主流的绝缘为挤出绝缘，主要材料为交联聚乙烯，于1973年应用于海底电缆。交联聚乙烯具有电气性能优越、耐热性和机械性能良好、环保性好、敷设安装方便、经济性相对较好的优点。目前国内外主流电缆厂均有交联聚乙烯电缆生产设备，国内交流海底电缆领域最高应用电压等级已达到500kV，国外最高为420kV；国内直流领域最高示范工程应用电压等级已达到±535kV，国外最高为±640kV。但是由于交联聚乙烯性能受材料和制造工艺影响较大，大长度连续生产和工厂接头存在技术难度，所以国内只有极少数几家生产商能进行高电压等级大长度的交联聚乙烯绝缘的海底电缆生产。

国内各种电压等级海底电缆均有相应的产品标准，标准中均对绝缘厚度有相应数值的要求。对于国外，目前没有单独对于高压海底电缆的产品标准，通常是按照高压电缆标准进行电气设计，然后结合关于海底电缆机械测试的技术要求进行机械、阻水设计，其绝缘厚度没有具体要求，是根据其导体屏蔽处以及绝缘屏蔽处的场强来计算合适的厚度。

国际目前主流的直流海底电缆技术路线为浸渍纸绝缘和挤出绝缘两种。前者包括传统黏性浸渍纸绝缘和聚丙烯-浸渍纸复合绝缘，后者主要包括交联聚乙烯和热塑性聚丙烯绝缘，上述4种绝缘技术都已经达到超高压水平。

绝缘材料选型差异主要在于绝缘材料牌号的差异，反映在供应商牌号上，绝缘材料生产厂家主要包括韩国韩华、北欧化工、陶氏化学等。

交流海底电缆：韩国韩华绝缘材料牌号分为8141S（35kV）、8141S（66kV）、8141SC（110 kV）、8141EHV（220kV，中天 lab test，耐克森第三方测试）、8141SEHV（330 kV）、8141SEHV（500 kV）。北欧化工绝缘材料牌号分为LS4201L（10 kV）、LS4201R（72kV）、LS4201H（161kV）、LS4201S（220kV）、LS4201EHV（500 kV）。陶氏化学早期绝缘材料牌号分为HFDB - 4201EC（66kV）、HFDB - 4201VC（150kV）、HFDB - 4201SC（230kV）、HFDB - 4201EHV K

(500kV)。陶氏化学过渡绝缘材料牌号分为HFDC-4201EC(66kV)、HFDC-4201VC(150kV)、HFDC-4201SC(230kV)、HFDC-4201EHV K(500kV)。陶氏化学最新绝缘材料牌号分为HFDD-4201EC(66kV)、HFDD-4201VC(150kV)、HFDD-4201SC(230kV)、HFDD-4201EHV K(500kV)。

直流海底电缆:韩国韩华绝缘材料牌号分为8152(±500kV,LCC,纳米材料抑制空间电荷,LS & Taihan测试中)、8151(±525kV,VSC,有机添加剂抑制空间电荷)。北欧化工绝缘材料牌号分为LS4258DCS(±320kV)、LS4258DCE(±525kV)。陶氏化学绝缘材料牌号分为HFDD-4401SC(±400kV)、HFDD-4401EHV K(±525kV)。

电压等级越高,绝缘材料连续挤出时间越长,即具有更好的焦烧性能,绝缘材料洁净度越高,降低去气负担。

4.2.2.2 国内外绝缘材料差异

绝缘材料的差异体现在不同海底电缆类型使用的绝缘材料不同,海底电缆适用电压等级、水深的区别。

国外厂家海底电缆类型主要为SCFF自容式充油海底电缆、MI浸渍纸绝缘海底电缆、挤出绝缘海底电缆。

SCFF自容式充油海底电缆绝缘类型为PPL纸-聚丙烯复合绝缘,适用电压等级为AC 275kV以上交流海底电缆,电压等级可达DC 600kV或AC 1000kV,适用水深800m(不采用特殊措施)、2000m(采用特殊液体和铠装),主要特点为低介电常数、低损耗、能够提高电气性能。

MI浸渍纸绝缘海底电缆绝缘材料为浸渍纸绝缘,适用电压等级为DC 600kV,适用水深1600m以上,主要特点为提高了电气性能,大功率传输,另外由于其不需要供油站的加压,浸渍纸绝缘直流海底电缆不受长度限制,同时不会对海洋有太大环境影响。

挤出绝缘海底电缆绝缘类型有交联聚乙烯绝缘、EPR绝缘。交联聚乙烯绝缘主要产品为电压等级为AC 420kV以下和DC 400kV以下,主要特点为每相线芯需采用径向阻水金属护套。EPR绝缘适用电压等级为DC 320kV以下,主要特点为具有良好的电气性能和抗水树性能,可以配合金属套而采用“湿式”结构,减小海底电缆的重量和尺寸。

目前国内厂家主要为挤出绝缘海底电缆,采用交联聚乙烯绝缘,电压等级为AC 500kV及以下、DC 525kV及以下。

动态海底电缆由于其特殊性,无法采用普通金属护套作为防水层,因此绝缘需要具有长期与水接触而不影响电气性能的能力。目前国内外厂家主要采用抗水树型交联聚乙烯作为动态海底电缆的绝缘,也有个别国外厂家采用EPR绝缘。目前动态海底电缆的最高应用电压等级为66kV。

4.2.2.3 绝缘工艺控制差异

在绝缘工艺方面，由于国内主要绝缘材料为交联聚乙烯绝缘，工艺经验较国外丰富，在大长度和电压等级上领先国外。国内曾生产过世界首根 500kV、18.4km 长交联聚乙烯绝缘海底电缆。大长度绝缘线芯的长时间连续挤出交联工序尤为重要。对于交联的质量管控来说，设备选型、原材料选择和工艺过程控制每个环节都至关重要，也是目前海底电缆监造过程中的核心关注点。

4.2.2.4 设备选型差异

交联生产线目前主要有立式交联生产线（VCV）和悬链式交联生产线（CCV）两种。CCV 有初始投资小、布局相对简单的特点，广泛地应用于中压电缆的生产，但由于其悬链式布局的特点，生产过程中热态熔融状的绝缘层受到重力的作用，容易下垂造成偏心度偏大，对于绝缘层厚度较大的超高压电缆的控制尤为困难。随着生产工艺和计算机技术的迅猛发展，CCV 也有了显著进步，德国特乐斯特（Troester）和瑞士麦拉菲尔（Maillefer）公司分别在其 CCV 上配备了圆度稳定系统（TROSS）并采用进端热处理技术（EHT），在上端密封和第一段硫化管中充入氮气对交联线芯表面进行冷却，使绝缘层产生向内的收缩而减小下垂，同时配合前后双旋转牵引，使交联线芯在硫化管中稳定旋转，避免绝缘层沿同一方向下垂，以减小绝缘层的偏心度。目前 CCV 在高压电缆的生产中已得到了广泛的应用，但在国内大长度超高压海底电缆的生产中仍然缺乏验证和应用，目前国内海底电缆厂商仍然优先选用 VCV 进行生产。

4.2.3 国内外电缆护层选型差异

护层分为内护套和外护套。内护套的作用是使电缆圆整、提供机械缓冲、减小摩擦、提高结构稳定等。外护套的作用是为铠装钢丝提供机械缓冲，同时由于护套表面光滑，可以减小海底电缆的水动力影响，且降低海生物的依附，提高海底电缆的海底稳定性。如果没有金属套，塑料护套也能够作为简易的径向阻水层，但塑料虽不透水，水蒸气却能够渗透它们，此时绝缘必须使用抗水树的材料。护套下面需要有金属屏蔽，可以采用疏绕铜丝屏蔽加铜带间隙捆扎或铜带绕包的方式。屏蔽理论截面需要满足短路电流的要求。塑料护套材料主要用聚乙烯、聚氨酯、尼龙等，常用的材料为高密度聚乙烯，其水蒸气的穿透率大约为 $20\mu g \cdot m/(m^2 \cdot d)$，聚氯乙烯的水蒸气穿透率为 $350\mu g \cdot m/(m^2 \cdot d)$。

海底电缆外护套通常由两层反向缠绕的 PP 绳绕包而成，外层左向缠绕。铠装钢丝在内外层 PP 绳之间，使用沥青对钢丝进行涂敷，既可以防腐，又能提高 PP 绳的附着力，避免海底电缆生产运输过程中 PP 绳断线散开。

PP 绳的绕包一般与铠装联动生产。为保证绕包的均匀性、稳定性、连续性，所有 PP 绳需要保持一定张力，同时采用黄黑相间绕包，以便于识别，如图 4.6 所示。

从制造技术上来讲，PP绳主要采用铠装机进行绕包生产，目前无论是国产铠装机还是国外铠装机，其制造能力相差无几，均能满足大长度生产和技术要求。

对于一些特殊海底电缆，如果脐带缆、动态缆等，一般采用聚合物护套结构进行海底电缆的保护，主要为聚乙烯、聚氨酯、PVC等材料。

护层的制造，需采用挤塑机（图4.7）进行挤出生产，根据不同的挤出模具，挤出不同厚度、外径的护层。一般根据项目需要，外护套可采用黄色、橙色等警示性颜色，以便于在海底进行识别。目前国内基本可实现不同要求的护层生产，在挤出质量上处于国际同等水平。

图4.6 PP绳绕包的海底电缆

图4.7 挤塑机

4.3 接地方式差异

海底电缆铅护套及铠装层损耗与其两端接地方式有关。与陆上电缆线路相比，海底电缆线路在金属护层接地方式的选择上有较大的不同。海底电缆线路通常长度较长，单端接地会使不接地端的金属护层在工频电流、短路电流和过电压冲击波的作用下感应出过高的电压，威胁海底电缆线路的安全运行。三相交叉互联接地可以很好地解决感应电压和电磁感应环流的问题，但由于海底电缆一般采用整根制造，绝大部分敷设于海底，间距较远，无法像陆上电缆一样实施三相交叉互联接地，因此也不能采用这种方式。目前海底电缆工程中较为常用的接地方式大致有“两端互联接地、中间不短接”“两端互联接地、中间采用金属线分段短接”“两端互联接地、中间采用半导电护套”以及“金属护套和铠装局部直接接地”四种。

4.3.1 两端互联接地、中间不短接

此种接地方式即在海底电缆线路的两端，将金属护层和铠装分别三相互联接地，其他部分不做特殊处理，如图4.8所示。

海底电缆线路采用金属护套和铠装“两端互联接地，中间不短接”的接地方式建立计算环流的等值电路如图4.9所示。对照图4.9，列出金属护套和铠装的环流计算

方程组。

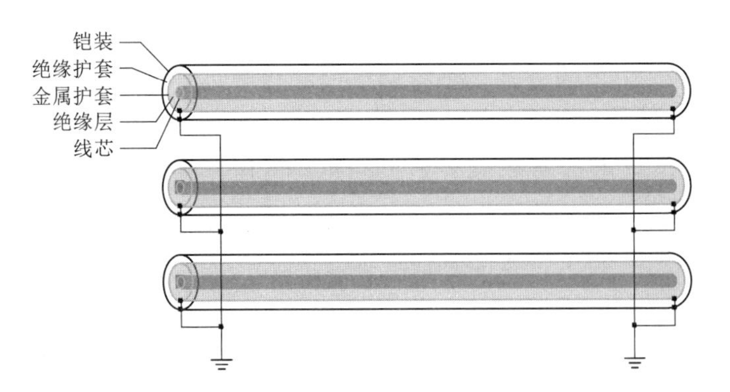

图 4.8　两端三相互联接地、中间不短接的接地方式

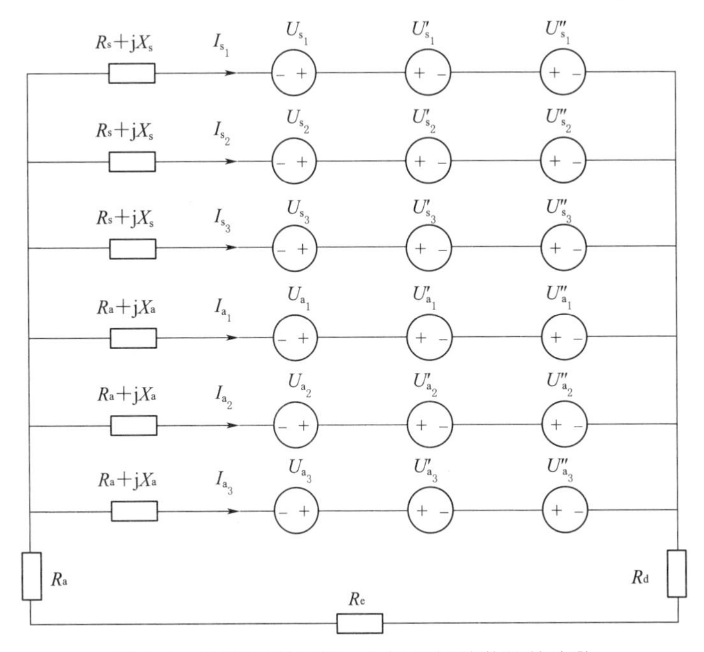

图 4.9　两端互联接地、中间不短接的等值电路

$$\left\{\begin{array}{l}(2R_d+R_e)(I_{s_1}+I_{s_2}+I_{s_3}+I_{a_1}+I_{a_2}+I_{a_3})+(R_s+jX_s)I_{s_1}+U'_{s_1}+U''_{s_1}=U_{s_1}\\(2R_d+R_e)(I_{s_1}+I_{s_2}+I_{s_3}+I_{a_1}+I_{a_2}+I_{a_3})+(R_s+jX_s)I_{s_2}+U'_{s_2}+U''_{s_2}=U_{s_2}\\(2R_d+R_e)(I_{s_1}+I_{s_2}+I_{s_3}+I_{a_1}+I_{a_2}+I_{a_3})+(R_s+jX_s)I_{s_3}+U'_{s_3}+U''_{s_3}=U_{s_3}\\(2R_d+R_e)(I_{s_1}+I_{s_2}+I_{s_3}+I_{a_1}+I_{a_2}+I_{a_3})+(R_a+jX_a)I_{a_1}+U'_{a_1}+U''_{a_1}=U_{a_1}\\(2R_d+R_e)(I_{s_1}+I_{s_2}+I_{s_3}+I_{a_1}+I_{a_2}+I_{a_3})+(R_a+jX_a)I_{a_2}+U'_{a_2}+U''_{a_2}=U_{a_2}\\(2R_d+R_e)(I_{s_1}+I_{s_2}+I_{s_3}+I_{a_1}+I_{a_2}+I_{a_3})+(R_a+jX_a)I_{a_3}+U'_{a_3}+U''_{a_3}=U_{a_3}\end{array}\right. \tag{4.1}$$

式中　　　　R_d——海底电缆线路两端的接地电阻；

R_e——大地的等值漏电阻；

R_s、X_s、R_a、X_a——金属护套及铠装的电阻和自感抗；

U_{s_i}、U'_{s_i}、U''_{s_i}——三相线芯电流、其他两相金属护套环流、三相铠装环流在第 i 相金属护套上产生的感应电压，$i=1\sim3$；

U_{a_i}、U'_{a_i}、U''_{a_i}——三相线芯电流、其他两相铠装环流、三相护套环流在第 i 相铠装上产生的感应电压；

I_{s_i}、I_{a_i}——第 i 相金属护套、铠装的环流。

在确定的电缆负载电流、护套及铠装环流下，金属护套及铠装的感应电势可通过公式进行计算。在此基础上，将所有电流相量都分解为实部和虚部并代入式（4.1），根据所得的矩阵方程即可求解三相海底电缆金属护套和铠装的环流。

金属护套及铠装损耗因数 λ_1 和 λ_2 均以和导体损耗比值的形式表示，即

$$\begin{cases}\lambda_1 = I_s^2 R_s/(I^2 R)\\ \lambda_2 = I_a^2 R_a/(I^2 R)\end{cases} \tag{4.2}$$

式中　I——电缆线芯中的负载电流；

R——线芯的交流电阻。

采用该接地方式时，金属护套和铠装中的环流较大，甚至可能达到线芯电流的100%，由此产生较大的损耗，降低电缆载流量，但接地电阻的变化对载流量影响很小。

4.3.2　两端互联接地、中间采用金属线分段短接

如果采用“两端互联接地、中间不短接”方式时电缆金属护套上的感应电压超过了护套外绝缘护层的耐受水平，就应考虑采用“两端互联接地、中间采用金属线分段短接”的接地方式。即在海底电缆线路的两端将金属护层和铠装分别三相互联接地，在线路间的预定位置处利用短接导线将金属护层和铠装进行连接，形成多点接地，如图4.10所示。

由于接地电阻值本身较小，其影响依然小到可以忽略。此外，金属护套和铠装的电阻比值固定，与海底电缆长度无关，如果分段短接处不接地，从短接线上流过的电流很小，基本不会对线芯电流引起的感应电压的分布造成影响；如果短接处同时接地，由于相邻两段护套和铠装中的电流流过同一短接线且方向相反，电流基本相互抵消，也不会引起感应电压的变化。所以无论海底电缆是否进行中间分段短接，流经护套和铠装的环流大小基本不变，不会引起载流量的显著变化。

这种接地方式的主要目的是限制过电压侵入波引起的金属护层冲击电压。

这种情况下，如果中间短接次数为 n，则等值电路可以简单看作是（$n+1$）个“两

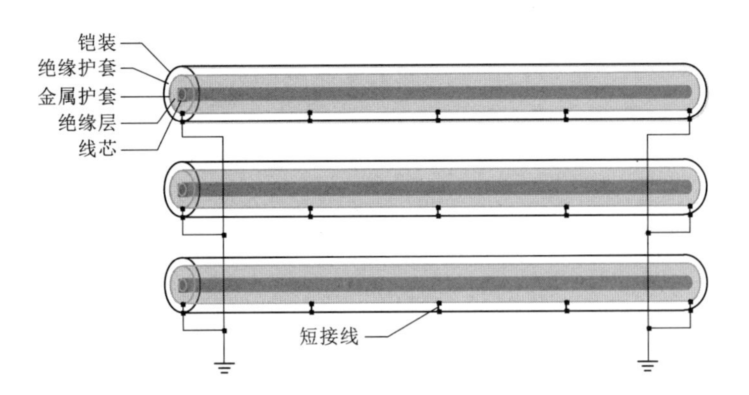

图 4.10　两端互联接地、中间分段短接的接地方式

端互联接地、中间不短接”的等效模型串联，等值电路如图 4.11 所示。计算时，通过改变线路长度 L 的值来体现分段短接间距的变化，其他同“两端互联接地、中间不短接”。

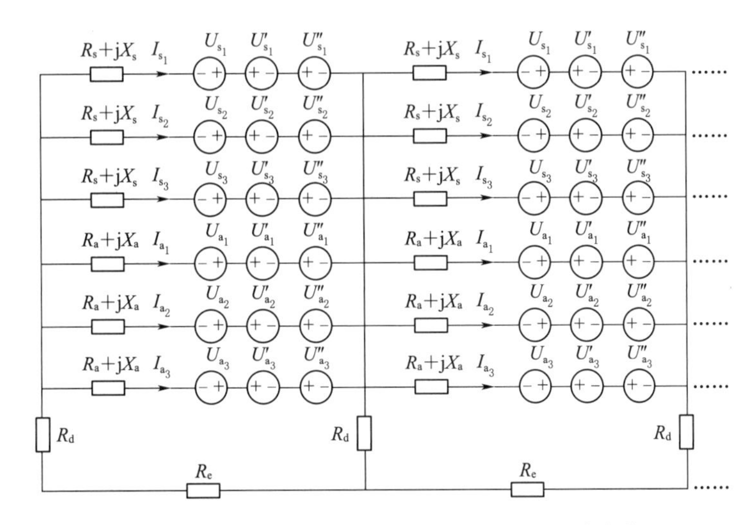

图 4.11　两端互联接地、中间分段短接的等值电路

4.3.3　两端互联接地、中间采用半导电护套

如果采用“两端互联接地，中间不短接”时电缆线路金属护套上的感应电压超过了护套外绝缘护层的耐受电压水平，而线路较长、分段短接次数多而不利于防水保护时，就应考虑采用“两端互联接地、中间采用半导电护套”的接地方式。

半导电护层的电阻率远小于绝缘护层，又远大于金属层，其电阻率大小不仅影响护层上的电压，也影响流过护层的电流。

三相单芯海底电缆线路金属护套和铠装“两端互联接地、中间采用半导电护套”的接地方式如图 4.12 所示。在绝缘护层材料中添加微量炭黑以增大护层的电导，形成半导电护套。电缆本体金属护套和铠装之间用半导电护套连接，逐点接地。半导电套的电导率本身不是一个常数，其有一定的变化范围或是随温度而变化，可将半导电套分别视为介质层和导体层并进行建模计算，以判断半导电套的何种等效作用影响更大。

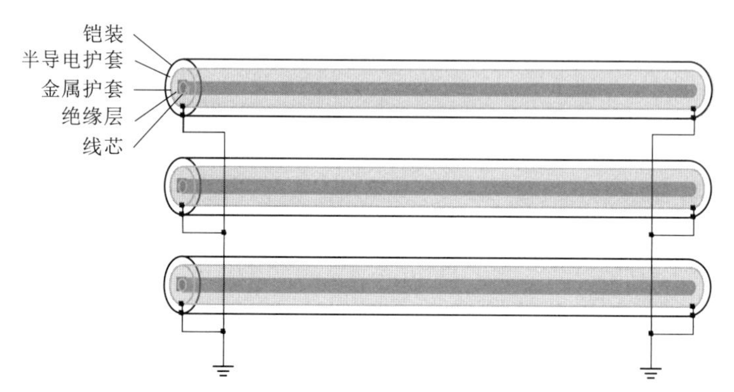

图 4.12　两端互联接地、中间采用半导电护套的接地方式

1. *视半导电护套为介质层的等效模型*

将半导电护套视作介质层，其损耗可以采用与绝缘层损耗相同的计算方法来处理，在此情况下，虽然其电容、损耗因数都比绝缘层要大得多，但因为护套和铠装的电压差很小，最终导致该半导电护套的介质损耗相比于护套及铠装损耗来说还是很小的，可以忽略不计。

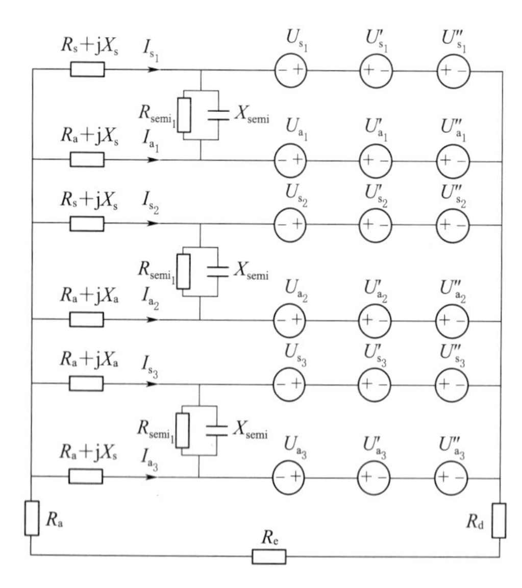

图 4.13　视半导电护套为介质层的等值电路

由于金属护套和铠装均有环流电流，二者之间存电场和电压差，若将半导电护套等效为一个介质层，那么半导电护套中会产生垂直于环流电流方向的电容电流和电导电流，这样就可以用电容与电导元件的并联组合作为半导电护套的等效模型，沿线不同的地方，金属护套、铠装中的电流可能是不同的。为了计及沿线电压与电流的变化，必须认为导线的每一元段（无限小长度的一段）在护套、铠装上具有无限小的电阻和电感，护套、铠装之间有电容和电导。

假设海底电缆金属护套和铠装上的环流是均匀分布的，若视半导电护套为介质层，则可将其等效为电阻和电容的并联，那么泄漏电流为电容电流和电导电流之和，等值电路如图 4.13 所示。

半导电护套单位长度的横向电阻 R_{semi_1} 和电容 C_{semi} 的计算可参考绝缘层。金属护套与铠装间的电压为

$$\left.\begin{aligned}\Delta U_1&=U_{s_1}-U_{a_1}=(\sqrt{3}+\mathrm{j})10^{-7}\omega LI_2\ln\frac{D_a}{D_s}\\\Delta U_2&=U_{s_2}-U_{a_2}=-\mathrm{j}2\times10^{-7}\omega LI_2\ln\frac{D_a}{D_s}\\\Delta U_3&=U_{s_3}-U_{a_3}=(-\sqrt{3}+\mathrm{j})10^{-7}\omega LI_2\ln\frac{D_a}{D_s}\end{aligned}\right\}\tag{4.3}$$

式中 L——海底电缆长度；

D_s、D_a——金属护套及铠装的平均直径。

根据回路电流法可建立该模型的环流方程组，再按复数运算法则列出复数矩阵方程即可进行求解。

2. 视半导电护套为并联导体的等效模型

由于半导电护套电导率的变化范围较大，在金属护套和铠装两端并联接地时，半导电护套也会产生一定的环流，可以用电感与电导元件的串联组合作为半导电护套的等效模型。

随着半导电护套电阻率的降低，半导电护套环流显著升高，致使半导电护套的损耗因数变大，对海底电缆载流量的影响也就越来越明显。半导电护套厚度越大，纵向电阻越小，半导电护套环流增大，损耗增加，相比“两端互联接地、中间不短接”的接地方式，其载流量有微弱下降。

结合“视半导电护套为大电容器”的等效模型分析结果，总的来说，将金属护套和铠装间的绝缘层改为半导电护套后，在不考虑金属护套和铠装间热阻 T_2 变化的前提下，此举对单芯海底电缆的载流量影响甚微。

视半导电护套为导体护套，则它是与金属护套和铠装并联的，补充其与金属护套和铠装间的互感及感应电压的计算，环流的计算方法为

$$I=\sqrt{\frac{(\theta_c-\theta_0)-W_{dl}(0.5T_1+T_2+T_3+T_4)}{RT_1+R(1+\lambda_1)T_2+R(1+\lambda_1+\lambda_2+\lambda_3)(T_3+T_4)}}\tag{4.4}$$

其中，

$$\lambda_3=I_{semi_1}^2R_{semi_2}(I^2R)$$

式中 λ_3——半导电护套的损耗因数；

I_{semi_1}——半导电护套上的环流；

R_{semi_2}——半导电护套的纵向电阻，采用与金属护套相同的算法确定。

4.3.4 金属护套和铠装局部直接接地

鉴于部分海底电缆线路运行存在的较大环流的问题，结合目前国内海底电缆技术水平和制造条件，为使线路能够安全运行，对原线路电缆线路进行了改造。改造方案

为在海底电缆线路两端附近的浅海地带对根海底电缆的不锈钢丝和铅套（采用海底电缆厂家生产的电缆接地壳体）进行局部直接接地连接，同时接地点的接地电阻符合相关规范要求。改造前后的海底电缆系统接地方式如图 4.14 和图 4.15 所示。

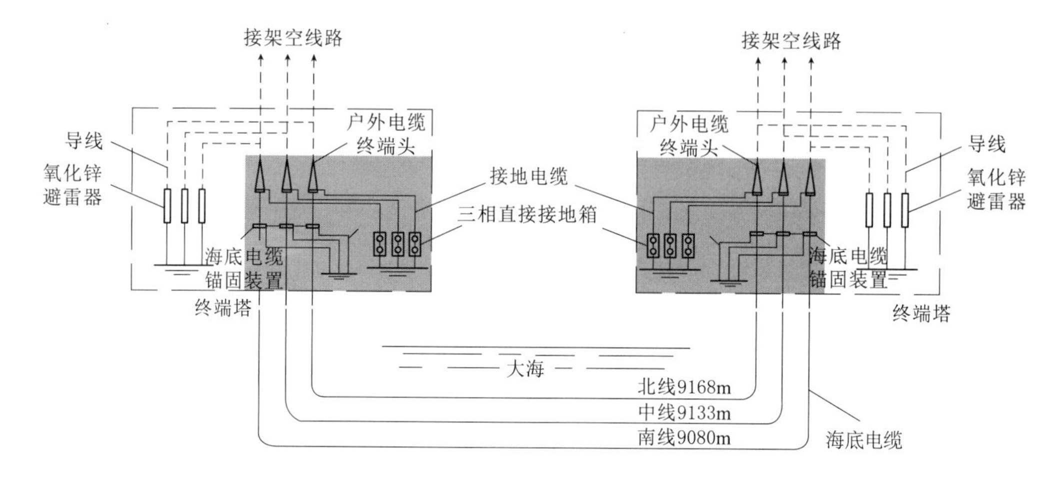

图 4.14　海底电缆系统的原始接地方式

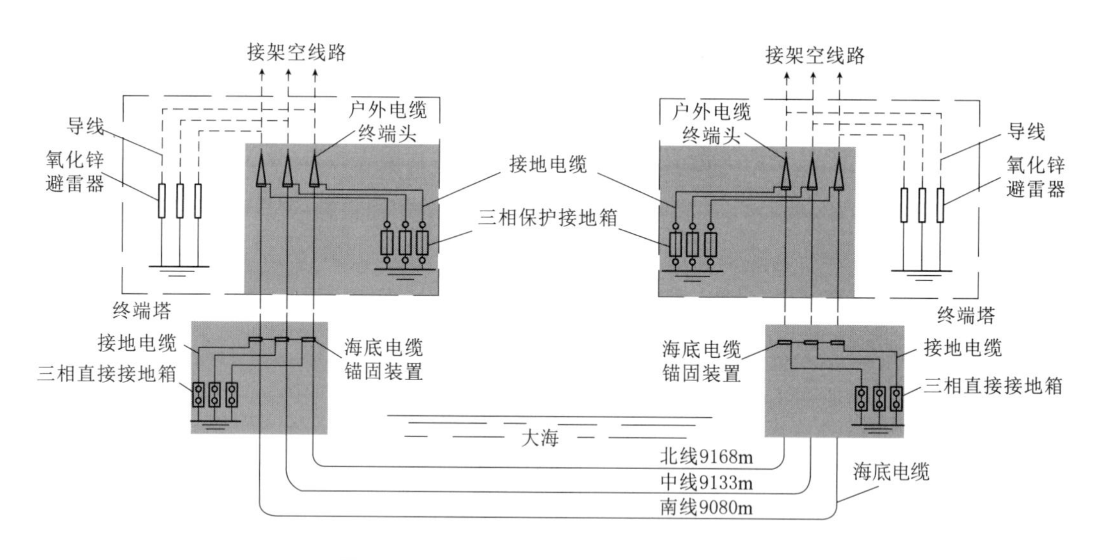

图 4.15　改造后海底电缆系统的接地方式

对海底电缆金属护套和铠装实施局部直接接地改造后，金属护层感应电压可满足相关规范要求，金属护套损耗率下降，电缆线路载流量得到有效提高，电缆护套的感应电流可以得到有效限制。改造不仅解决了电缆发热问题，减缓了电缆主绝缘和外护层绝缘老化速度。正常运行时电缆锚固装置与钢丝铠装层的接触点发热现象也得到了有效控制。

4.3.5 小结

应结合海底电缆长度、金属护套感应电压和接地电阻等因素，选用适合海底电缆线路具体情况的接地方式，并因地制宜地对海底电缆的接地方式进行改造，不仅可以解决电缆环流问题，还可以提高海底电缆的输送能力，为海底电缆运行维护工作建立起坚实的技术保障。

4.4 海底电缆工程装备差异

海底电缆使用环境为水下或海底，受到风、浪、流等气象及水动力影响大，其水下使用场所往往是人力不能直接触及的地方，作业场所又缺乏目标参照物，工程极其依赖各种海工装备，且费用高昂，因此国际上将海底电缆工程视为一项大型而困难的工程。

海底电缆工程装备是海底电缆施工技术中重要的环节，而其中最关键部分就是水面的海底电缆施工船和水下的海底电缆埋设开沟机，它们分别承担着水上作业与水下作业的全部工作。

4.4.1 海底电缆施工船船型

海底电缆施工船按航行螺旋桨的有无可分为有动力型和无动力型，按实现自身海上定位又可分为锚泊定位和动力定位型，按船型不同可分为船型和平板驳型，其中平板驳型海底电缆施工船一般造价低，为无动力船舶，吃水浅，适合浅海近海作业，如图 4.16 所示；而船型海底电缆施工船一般造价高，具有良好的适航性，适合远洋和长距离作业，且吨位比较大，如图 4.17 所示。

图 4.16 为一艘非自航式敷设船。该船的缆舱和敷设机具都置于甲板上，电缆及其设备都能方便地吊入和装卸。施工时由拖轮拖曳进行敷缆作业或用牵引移锚的方法进行敷缆作业。该船亦可配置水力喷射型埋设机进行边敷设边埋深的作业，最大埋设深度可达 3.2m，埋深时施工船依靠绞锚前进，速度一般为 0～6m/min。

4.4.1.1 国外海底电缆施工船概况

为适应国际市场的大长距离海底光缆与海底电缆作业需要，国外的海底电缆施工船一般采用船型海底电缆施工船。其主要特点有：

(1) 船舶的吨位较大。船舶的大吨位可保证装载量，使一次布放距离长，减少接头施工，同时能保证功能和性能日益提高、所需空间和自重都在增大的各型海底电缆作业设备的安装。

(2) 航海全自动化。无人机舱，机驾合一，多采用吊舱式电力推进和艏侧推或艉

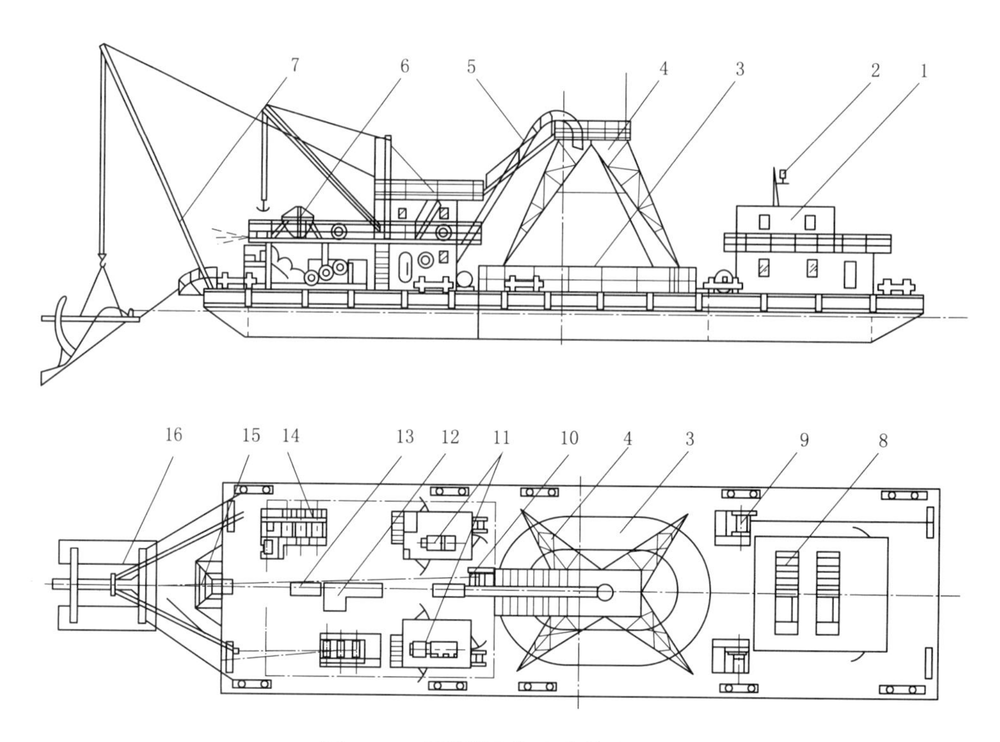

图 4.16　平板驳型海底电缆施工船

1—数据采集舱；2—GPS 接收天线；3—电缆舱；4—退扭架；5—溜槽；6—救生艇；7—起重机；8—高压水泵；9—移船绞车；10—卷扬机；11—发电机；12—履带式布缆机；13—计米器、张力测定器；14—卷扬机；15—入水槽；16—埋设机

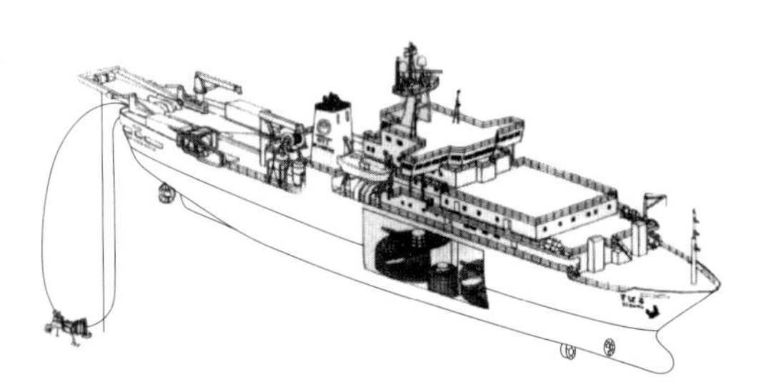

图 4.17　船型海底电缆施工船

侧推。其中吊舱式电力推进由于占用船体空间小，增加了船舶的有效载荷；由于传动轴更短，原动机转速固定，加之采用的拉式螺旋桨使水流更加均匀，削弱了空泡现象，极大地减轻了推进系统的噪声和振动，使得船舶具有良好的声寂性、操控性、可靠性和经济性。最新具有抗浪功能的 X 型船艏设计如图 4.18 所示。

(3) 适合船艉的作业方式。因船艏作业面积小，操作不便，较尾部浪大，甲板倾斜作业安全性差，且易使缆线、中继器等与船艏撞击造成损坏；船艏与船艉分开作业方式因其中间隔有上层建筑，不便作业的指挥协调。船艉作业方式不需要全船贯通的作业通道，作业时对全船影响小，作业与航行互不影响，这种作业方式更适合船型海底电缆施工船，如图 4.19 所示。

(4) 适合配备动力定位和动力跟踪系统 (DP/DT)。实现预设路由跟踪布缆，线路精确，保证海底电缆维修中的稳定接续。动力定位系统可进行自动或半自动精确操控船舶，是海底电缆施工船完成高精度海上定点作业必备的设备，根据海上作业需求，来确定海底电缆施工船动力定位系统的等级。

（5）作业设备能适应海底电缆的性能及工程建设要求。适合配备大功率鼓轮机（主要用于海底电缆打捞）、轮胎式直线布缆机、不同工作原理的先进埋设犁等完备的海底电缆作业设备，兼具海底电缆敷设和打捞功能。

（6）计算机网络化控制。可大大提高作业精度，减轻作业强度。计算机网络化是新建海底电缆船最显著的特征之一。实现了机舱、航海、探测设备等各部分的自动化，通过计算机中心控制室，实现全船

图 4.18　最新具有抗浪功能的 X 型船艏设计

图 4.19　具有海底电缆输导系统的艉部作业船舶

智能网络集成。采用计算机网络化设计，具有良好的操纵性能、动力定位性能，各种作业自动进行，施工设备的布放、回收受海况的影响较少，可大大提升海底电缆敷设施工作业效率。

（7）搭载先进装备。根据海底电缆施工船的任务，配置精良的船载探测设备，如声学多普勒海流计（ADCP）、全海深/浅水多波束海底地貌探测系统、侧扫声呐、浅地层剖面仪、多道数字地震系统、磁力仪、深海拖曳系统、无人遥控潜水器（ROV）、超短基线、电视抓斗、地质钻探取样等设备以及完善先进的操控支撑系统。

（8）操纵作业人员应具备较高的技术能力。船型海底电缆施工船舶的作业平台更加安全、高效，配备有适居和宽敞的生活设施，同时，对施工作业人员技术能力提出了更高的要求，船上工作人员数量减少，人员素质增强，向着全能型专业人才发展。

概念型的船型海底电缆施工船如图4.20所示，国外某型号船型海底电缆施工船如图4.21所示。

图4.20 概念型的船型海底电缆施工船

图4.21 国外某型号船型海底电缆施工船

4.4.1.2 国内技术现状

我国在海底电缆工程建设方面起步较晚，自主建造的海底电缆施工船比较少。于1976年建造的第一艘专业海底电缆施工船“邮电一号”，吨位是1300t，主要任务是敷设和检修海底通信电缆，参与了早期中日海底电缆的建设。专门用于海底电缆的海底电缆施工船基本为改装船或平板驳型船，技术装备相对比较落后，关键装备依赖进口。

随着通信技术的发展，尤其是用于长距离通信的光缆技术的发展以及我国改革开放，对于跨洋通信的需要日益强烈，以中英海底系统有限公司为代表的海底电缆施工企业，开始引进国外先进海底电缆施工船，主要用于维护海底通信电缆，经过改装后也可以敷设海底电缆。另外，随着海底资源开采、海上平台供电、岛屿供电等海洋经济的发展和海洋工程技术装备的不断进步，国内一些企业如国网浙江舟山启明电力集团海底电缆工程公司等开始打造完全自主知识产权的海底电缆施工船，如“舟电7号”“建缆1号”，用于岛屿供电的电网建设与维护。进入21世纪，随着人类社会的发展，环境问题变得日益突出，国际上对清洁能源的呼声日益高涨，兴起了以风电尤其是海上风电为代表的清洁能源建设。随着我国“碳中和、碳达峰”目标的提出，海上风电作为实现双碳目标的重要抓手，迎来了良好的发展机遇，海底电缆线路作为海上电力联网与输送装备，发展势头良好，带动了包括海底电缆施工船在内的一大批海洋装备的提升，相信不久具有世界先进水平的海底电缆施工船也将在国内诞生。

4.4.1.3 国内海底电缆施工船经典船型介绍

国内海底电缆施工装备相比国外起步比较晚，海底电缆的主要用户集中在电力公司、海上油气平台，随着世界对新能源的需求日益增长，海上风电的大量投入，使得海底电缆的使用得到迅猛的发展，海底电缆施工装备及其技术也得到迅速提高。

(1) 适合远洋作业的船型海底电缆施工船以上海中英海底系统有限公司的“福”字号为代表，这些船主要适用于大长距离海底光缆敷设与维护。中英海底系统有限公司是亚洲地区主要的海底光缆施工企业之一，专业提供各种海底光缆（包括小截面海底电缆）的安装及埋设服务，其主要船型如下：

福安号是一艘理想的海底光缆施工船，其一级动力定位系统DP1使其拥有良好的海上定位能力，并能够支持埋设机及水下机器人（ROV）等多种水下施工设备，适合进行多种海上作业和水下作业支持，包括海底光缆安装和维护、支持ROV作业及其他海上建设工作，曾参与过大量海底光缆安装和修理项目。

福星号是一艘专门设计建造的海底光缆施工平底船，能够在亚太地区向电缆系统供应商和系统所有者提供电缆近岸施工和维护服务。福星号具有动态定位功能，通过4部全回转侧推来控制船舶运动。其海底光缆和中继器装载能力706t，并通过由SMD建造的A字型门吊来操作不同的水下埋设设备。福星号于2001年2月完成建造，以上海港为基地。自投入使用以来，福星号已为我国多个出口海底光缆项目浅水段提供了施工服务，并为国内大型油气田工程——春晓项目提供了挖沟支持服务。

福海号是针对海底光缆施工市场不断提高的定位和埋设要求而专门设计的海底光缆施工船。福海号一次海底光缆装载量5700t，最大拖力110t，能够全面支持最先进的水下埋设机和ROV的操作。其强大的二级动力定位系统DP2为海上施工提供卓越的定位能力，为高质量完成海底光缆施工提供有力保证。

福莱号海底光缆布设船于1982年在美国建造，1987年完工，1995年参与铺设中国到韩国的海底光缆，同年也参与越南到香港海底光缆的铺设任务，1998年我国购买后长驻上海，为海底光缆提供维护工作。

目前由中英海底系统有限公司管理的Bold Maverick海底电缆施工船是由德国Volkswerft Stralsund船厂于2001年建造的一条多功能的海上施工船。该船配备有Kongsberg二级动力定位系统DP2，具有卓越的海上定位能力及出色的可操作性。船上巨大的甲板空间及储存能力使其能够进行多样化的海上施工作业。该船曾进行过大量的潜水支持作业，并为海上油气田建设进行过大量的SURF管（脐带缆、软管和立管）安装工作。

（2）国内其他海底电缆施工船的主营业务以国内及东南亚沿海为主，主要服务对象包括岛屿供电及海上风电，考虑到经济性与便于浅滩登陆作业，其船型多为经济性高的平板驳型，该船型以浙江舟山启明海洋电力工程公司的“建缆1号”为代表。随着海底电缆施工要求的提高，在平板驳型基础上增加了全方位的动力定位，提高了施工船作业灵活性和适用范围，以浙江舟山启明海洋电力工程公司的启帆9号海底电缆施工船为代表。

浙江舟山启明海洋电力工程公司原名“舟山启明海缆工程公司”，始于1983年，专注海底电缆工程建设三十余年，为国家电网有限公司唯一从事海底电缆敷设、检修、维护的企业，也是国内创建海洋输电品牌的一支重要力量。拥有“启帆9号”

“建缆1号”“舟电7号”“舟电9号”等多艘专业海底电缆施工及检修船只，掌握海底电缆深埋、检修、保护等核心技术，以专业人才和优质高效的服务在社会上树立起了良好的企业形象，业绩遍及浙、鲁、苏、闽、粤、琼等区域，在国内海底电缆市场中占有重要一席。截至2016年年底，已完成约3000km的10～500kV不同电压等级的交、直流海底电缆的敷设。

（3）上海市基础工程集团有限公司水工工程是公司传统施工项目之一，擅长水域光缆、电缆敷埋安装，以及海底管道敷埋安装、水上打桩、港口与码头建设、水上大件运输等工程。自20世纪60年代至今，敷埋各种水域光缆、电缆累计总长近1000km，施工工艺逐步完善，埋设深度可达3.5m。

（4）上海凯波水下工程有限公司是一家海底电缆和海底光缆敷设、埋深、安装施工的海洋工程专业公司，具有多年海底电缆、光缆敷埋和安装施工经验，至今已经参与敷设、埋深总计三千多公里长度的海底电缆、光缆工程项目。施工工艺也从单纯敷设，逐步发展到先敷后埋，边敷边埋、敷埋同步进行，海底电缆埋设最大深度可以达到海床面以下6m。公司先后敷埋了充油电缆、绝缘油浸纸电缆以及目前主流的XLPE绝缘海底电缆，同时对普通海底光缆、岩铠海底光缆具有大长度的安装能力和施工经验。

（5）中国海底电缆建设有限公司是一家于1977年1月经国务院批准成立的集设计、施工、维护为一体的专业化公司，2008年改制成中国电信股份有限公司全控股子公司。具有住房和城乡建设部通信工程施工总承包二级、设计乙级资质、送变电工程专业承包三级资质，通信信息网络系统集成乙级资质，以及国家商务部批准核发的对外承包工程经营资格证书，已通过ISO 9001：2008、ISO 14001、OHSMS 18000（质量、环境、职业健康安全）管理体系认证。公司主营海底电缆通信工程、海底电缆工程、送变电工程，以及信息、电力管线工程等各类通信信息网络工程的施工、设计和海底电缆维护业务，以上经典船型参见附录A。

4.4.2 海底电缆埋设开沟机

除了水面上的海底电缆施工船，水下的关键设备之一是海底电缆埋设开沟机。海底电缆埋设开沟机是海底管道、电缆埋设的重要设备，发展到现在已经形成了众多型号，主要可以分为机械式开沟机、冲射式开沟机、犁式开沟机三大类。机械式开沟机是利用链锯或者切割头对海底地层切削形成沟槽，冲射式开沟机是利用高压射流对海底地层进行冲刷从而开凿出沟槽，犁式开沟机是利用犁刀在船舶的拖动下开出沟槽。冲射式开沟机和犁式开沟机主要适用于黏土、淤泥和砂土工程地质状况，对于坚硬的基岩则无能为力，而机械式开沟机可以很好地适用于岩石和硬土区域。

4.4.2.1 国外机械式海底电缆开沟机

机械式开沟机主要在基岩区域作业，岩石抗压强度高，多为几十到几百兆帕，在开沟过程中，岩石作用在链锯上的反作用力巨大，因此机械式开沟机重量较大，水下有一定的负浮力来克服反作用力。这也决定了机械式开沟机的行走方式，即采用液压驱动履带底盘的方式来驱动，使用的履带多为宽体橡胶履带，以便在海底表层低承载力沉积物上获得足够的抓地力与承载力。根据开沟装置和功能，机械式开沟机可以分为单链锯开沟机、多链锯开沟机以及可以携带多种作业模块的多功能开沟机。

1. 单链锯开沟机

单链锯开沟机的主要特点是只安装一条开沟链锯，适用于海底电缆埋设。海底电缆直径多在450mm以内，因此开沟时开凿宽度较窄、侧壁直立的沟槽，以降低开挖量。针对这样的工程要求，多采用单链锯开沟，链锯切割出岩石碎屑排出方向与开沟机前进方向一致。为配合将开凿下来的岩石碎屑排出，开沟机多安装有抽吸系统，单链锯开沟机典型款式主要有CBT800系列及Hi－Trap型，性能指标详见附录C。

2. 多链锯开沟机

多链锯开沟机的主要特点是安装有多条开沟链条，主要用于海底管道埋设。海底管道直径最大达到1500mm，埋设深度通常为1～2m，因此需要开挖的沟槽截面较大，单链锯不能满足开沟宽度要求，需要多链锯同时作业。这使得开沟机整体尺寸急剧增大，体积为单链锯开沟机的3～4倍，重量为单链锯开沟机的2～4倍；总功率也迅速增加，超过1000kW，有的超过2000kW，开沟机目前主要有CBT3200型、I－trencher型，性能指标详见附录C。

3. 多功能开沟机

多功能开沟机是以机械式开沟机为本体开发的具有多种海底作业功能的综合型海底爬行机器人。海底机械式开沟机重量、功率都很大，并配备履带底盘，能够在海底爬行，同时携带众多传感器，是很好的水下作业平台。因此一些以海底机械式开沟机为平台的多功能作业装备被开发出来，以完成水下钻探、水下取样、电缆打捞等复杂的操作，QT系列海底开沟机就属于这类设备。

QT系列开沟机包括QT1400和QT2800两个类型，严格意义上是一台带多种作业包的多功能重型ROV。它既可以像ROV一样在水下自由游动，又带有履带地盘，可以坐底作业，其性能指标详见附录C。

4.4.2.2 国外冲射式开沟机

1. 冲射式开沟滑橇

1946年Samy Collins制造了世界上第一台高压水冲射式开沟滑橇，并在墨西哥湾埋设了第一条海底石油管线。从此冲射式开沟滑橇蓬勃发展，得到广泛应用。此种类型的开沟机主要由喷冲系统、抽吸系统、机架组成。最初的冲射式开沟滑橇动力单元全部安装在母船甲板上，包括高压水泵和空气压缩机，滑橇的行走主要靠母船的拖动。其主要工作原理是预先将管道铺设在海底，冲射式滑橇骑跨在管道上，开沟机本身的重量主要通过两侧的滑橇传递到海底，管道不对滑橇提供支撑力。

图4.22　冲射式开沟滑橇

冲射式开沟滑橇结构简单，容易制造，成本相对低廉，适合在水深小于300m的区域作业，目前在世界上很多国家仍然在使用，如图4.22所示。

2. 自推进爬行开沟机

石油管线及海底电缆埋设进入深水区后，冲射式开沟滑橇需要的缆绳越来越长，给施工作业带来很大不便，此时出现自推进爬行开沟机。它自身安装履带，通过液压系统驱动履带推动开沟机前进，目前应用的深水开沟机，大多采用此种形式。此类开沟机构造相对复杂，自身重量也较大，除水面动力与控制系统外，它主要由履带行走系统、喷冲系统、抽吸系统、开沟机底盘、动力单元以及各类传感器组成，通过安装机械式破碎工具，还可以开凿坚硬的海底地层。目前具有代表性的产品主要有Capjet型开沟机，性能指标详见附录C。

3. 开沟型ROV

开沟型ROV即开沟型遥控潜水器，顾名思义是一台具有开沟功能的ROV，它既能像ROV一样在水中自由运动，又可以完成水底开沟埋设管线的工作。目前的开沟ROV一般同时装备螺旋桨和履带，履带由液压泵站驱动。开沟型ROV一般被设计为有一定的负浮力，以保证在海底开沟时的稳定性，具有代表性的产品主要有Perry公司的XT600型和XT1200型以及SMD公司的QT1400型和QT2800型，性能指标详见附录C。

4. 非接触式控流开沟机

非接触式控流开沟机是进一步简化的水下冲射式开沟设备，它在工作中与管道和海底土体均不接触。与以往的开沟设备有明显不同，它主要由螺旋桨和喷管组成，无推进器或者支架，质量大大减小，这也使得所有的功率消耗都用于开沟，效率得到提高。目前主要有AGR公司生产的Sea Vater型和Reotech公司生产的Twin R2000型，性能指标详见附录。

冲射式开沟机发展方向如下：

（1）智能化。开沟机具有智能的操作方式，可以定深作业，或者定方向作业，大大减少人为干预。

（2）大型化。开沟机的重量和功率都很大，自身结构强度高，可以在坚硬的土体中开凿沟槽，埋设直径较大的油气管道。

（3）宽适应性。宽适应性不仅表现在工作对象的适应，还表现在工作环境的适应。一台开沟机可以完成多种作业，既可以埋设管道也可以埋设电缆，既可以在黏土中又可以在砂土中开沟作业，还可以通过更换工作套件变成机械式开沟机。

（4）高效率。以非接触式控流开沟机为代表，通过自动定位船舶的定位功能，省去了开沟机的行走机构和抽吸机构，使其结构得到简化，整个开沟机消耗的功率全部用于开沟，开沟效率大大提高。

4.4.2.3 国外犁式开沟机

海底管道和电缆直径差别大，要求埋设的深度也不同，因此海底管道埋设和电缆埋设对开沟机的要求有较大的差别，根据其开出的沟槽形状，犁式开沟机主要分为V型犁式开沟机和矩形犁式开沟机两种。

海底犁式开沟机可分为V型犁式开沟机和矩形犁式开沟机两种。V型犁式开沟机开沟截面面积较大，沟槽截面形状为V型，适合于海底管道埋设，其回填方式分为专门回填犁回填和回填模块回填两种。矩形犁式开沟机开沟面积较小，截面狭长且为矩形，多适用于海底电缆埋设。其土壤排出方式有垂向排土式和侧向挤土式两种，沟槽靠重力自动回填。犁式开沟机开沟速度快，造价相对较低，目前正在朝大型化、模块化发展。犁式开沟机的关键技术和当前研究的重点包括犁式开沟机的开沟阻力减小方法以及在崎岖海底地形上开沟时的开沟深度稳定性等。

1. V型犁式开沟机

V型犁式开沟机主要用于海底管道埋设。海底管道直径较大，最大达到1.5 m，埋设时需要开沟的深度和宽度均较大，此时沟槽边坡需要有较小的坡角来保证稳定性，因此针对管道埋设开挖的沟槽大都是V型的沟槽，被称为V型犁式开沟机，这种犁式开沟机需要巨大的拖力，在开沟完成后，沟槽无法自行回填，需要回填犁对沟槽进行回填，以上工程实际要求决定了犁式开沟机的形式。

（1）开沟-回填组合犁。开沟-回填组合犁主要由犁式开沟机、回填犁两台机器完成埋管作业，犁式开沟机主要进行开沟，开沟完成后母船拖曳回填犁沿管道路由再作业一次，完成管道的回填工作。因此犁式开沟机、回填犁成对设计使用，犁式开沟机母船同时装备两种设备。代表产品有IHC公司生产的PL3型和SMD公司生产的VMP系列，性能指标详见附录。

（2）多功能犁式开沟机。多功能犁式开沟机采用模块化设计，犁式开沟机由一个本体和多个作业模块，每个模块具有不同的功能，通过在本体上安装不同的作业模块即可以完成清障、开沟、回填等多种任务。犁式开沟机上的犁刀可以更换，在完成开沟作业后，更换回填模块，即可以进行回填作业。代表产品有SMD公司生产的PLP系列，性能指标详见附录。

2. 矩形犁式开沟机

矩形犁式开沟机开出的沟槽截面为狭窄的矩形，深度远大于宽度，故被称为矩形犁式开沟机，主要用于海底电缆埋设。海底电缆的直径较小，为减小开挖土方量，在埋设过程中多开挖矩形沟槽，沟型狭窄，侧壁直立，当电缆放入沟槽后，一般不需要进行回填，在海流重力等作用下实现自动掩埋。矩形犁式开沟机正是针对电缆埋设专门设计的开沟机，和V型犁式开沟机相比，矩形犁式开沟机开挖土方量少，对土体的扰动小，消耗的能量少，因此需要的拖力也较小。根据其开沟时土壤的排出方向，矩形犁式开沟机可以分为垂向排土式犁式开沟机和侧向挤压排土式犁式开沟机两种。

（1）垂向排土式犁式开沟机。垂向排土式犁式开沟机土壤排出方向为前方和上方，不向两侧排出土壤，为达到这种开沟效果，采用多个犁刀进行开沟，一般安装3个，分别是上部犁刀、中部犁刀和底部犁刀。犁刀安装在主犁上，安装面与地面夹角为30°～45°，如图4.23所示，每个犁刀完成开沟深度范围内的部分开沟，上部犁刀在最前方，最先完成开沟排土，从而使得土壤及时排出，降低中部犁刀和底部犁刀的排土压力。

（2）侧向挤压排土式犁式开沟机。侧向挤压排土式犁式开沟机的主要特点是开沟过程中犁刀不向上排出土壤，而是通过向两侧挤压土壤形成埋设电缆所需要的沟槽。其犁刀由底部的刺入犁刀和垂直挤土犁刀组成，如图4.24所示。刺入犁刀的作用是在开沟初始和结束阶段控制犁刀刺入和退出土壤，垂直挤土犁刀的作用是将土壤向左右两侧挤压，以形成沟槽。侧向挤压排土式犁式开沟机的代表产品主要有SMD公司生产的MD系列，性能指标详见附录C。

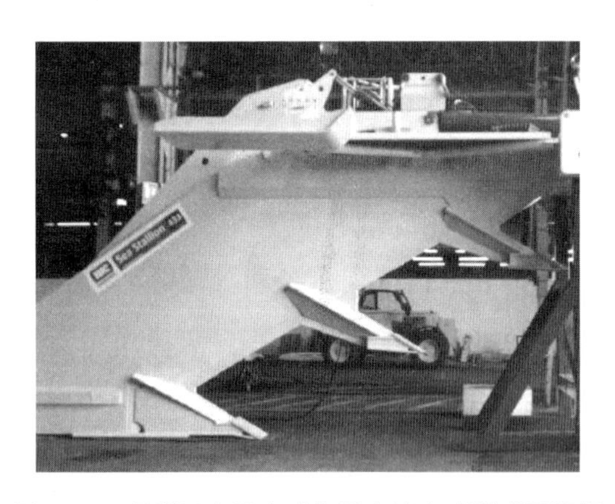

图4.23　多犁刀布置方式的垂向排土式犁式开沟机

图4.24　侧向挤压排土式犁式开沟机

犁式开沟机的技术特点为：犁式开沟机开沟速度与土壤剪切强度负相关，与开沟深度负相关，与母船拖力正相关。母船拖力和开沟深度一定时，土壤剪切强度越小，开沟速度越大；土壤剪切强度一定时，母船拖力越大，开沟速度越大。犁式开沟机开沟速度远大于冲射式开沟机等其他开沟机，PL3型犁式开沟机在土壤剪切强度100kPa、开沟深度1.1m时，开沟速度可以达到14km/h，远大于冲射式开沟机50～100m/h的开沟速度。

犁式开沟机发展方向为：犁式开沟机作为海底开沟埋缆的重要设备，近些年在国外得到快速发展，犁式开沟机与其他开沟机最大的区别是本身不带有动力，依靠水面拖船拖动进行作业，因此它具有其他开沟机没有的优势，结构简单，所需要的传感器数量和种类比其他类型开沟机少很多，所以造价较低。犁式开沟机仅有控制其姿态的液压油缸和必要的传感器，功率很小。此外，犁式开沟机速度受拖船控制，开沟速度快，因此犁式开沟机具有比较广阔的应用前景。

4.4.2.4 国内海底电缆埋设开沟机

国内海底电缆施工装备起步晚，随着国际光缆及岛屿联网、海上风电的兴起，对海底电缆的施工技术提出了更高的要求，通过整机引进与自主研发，国内已形成了埋设 ROV 型、可调深度埋设犁以及拖曳式水喷埋设犁等三种类型。

埋设 ROV 型以上海中英海底系统有限公司的海狮 2 号、海狮 3 号为代表。

可调深度埋设犁以上海中英海底系统有限公司的 Hi 型机为代表，该设备是目前较为先进的水下海底电缆作业设备，可以将海底电缆深埋至海床下 3.25m，由英国时代艾森迪智能装备有限公司（SMD）专为海底电缆埋设而设计制造；国内自主研发的可调深度埋设犁以浙江舟山启明海洋电力工程有限公司与上海交通大学联合研发的 ML11 为代表。性能指标详见附录 C。

目前，国内海底电缆施工企业多以拖曳式水喷埋设犁（图 4.25）为主力开沟设备，该技术于 20 世纪 90 年代中后期由日本引进，作业区域主要针对非深水区，使用边敷边埋的方式，施工依赖铺缆船，作业窗口期受天气影响较大，福建、广东海底电缆路由中存在基岩，则无法埋设，只能采用其他方式。国内拖曳式水喷埋设犁的一般技术参数为：行进方式主要为拖曳式，适用于泥、沙等地质，其埋设深度一般为 0～4.5m，工作水深为 2～100m，重量 15t 左右，采用敷、埋同步的作业方式进行海底电缆埋设。针对不同区域、不同地质与不同作业需求的海底电缆敷设，国内海底电缆的施工装备仍有较大发展潜力。

图 4.25　拖曳式水喷埋设犁

4.5 运维方式差异

虽然我们在项目设计过程中会提前评估海底电缆所面临的挑战，并在其出厂、施工以及竣工时进行严格的试验以尽量降低风险，但在海底电缆漫长的运行生涯中，复杂多变的海洋环境仍然会不可避免地带来许多自然和人为的风险，其中包括：冲刷导致海底电缆的暴露，海床形态和环境的变化（例如：水下的地震活动以及飓风），潮流，以及船舶行为导致的抛物、锚害、渔网拖挂等。通过多种海底电缆监测技术的联用，对这些风险进行识别和有效提前预警，提升海底电缆的可行性和可靠性，是国内外海底电缆运维的重点。

海底电缆监测技术在2.3节中已经做了较为详尽的介绍，主要有两类：一类是电力状态监测方法，包括在线的基于行波原理的海底电缆在线故障监测技术、在线监测局部放电与海底电缆内部失效模式的关联分析，以及接地环流测量、离线的高压脉冲时域反射技术等；另一类则是基于分布式光纤传感技术，该技术需要借助嵌入光电复合缆中的光纤来实现海底电缆各位置上的温度、应变以及扰动量的监测，以发现故障事件，并准确定位，这也是目前海底电缆监测技术的发展热点。

自20世纪80年代以来，海底电缆的应用规模显著增长。根据英国学者对历史故障数据的分析，目前最先进的监测技术也仅能洞察约30%的故障模式。例如，高频的局部放电信号在海底电缆中衰减很快，仅能传递数公里，这使得海底电缆的局部放电在线监测非常困难；而与其相比，电流监测技术只能监测到故障事件的发生，而无法甄别故障的前兆。考虑到海底电缆检查和维修的可行性和易用性，如能通过海底电缆监控技术来感知故障的前兆，会对海底电缆的可靠性和运营成本产生巨大影响。除了这些原位检测方法，海底电缆的检查仅限于浅水潜水员的观察或ROV视频，这些都有一定的局限性（比如水下需要良好的能见度，或者有时候需要接近电缆），而且在定位电缆时也存在困难。因此在海底电缆的全生命周期中，联用多种监测技术，并在运维过程中将其有机融合起来，结合新一代的检查运维技术如自动水下机器人（Autonomous Underwater Vehicle，AUV）巡查，提升运维的能效比，将是未来的一大趋势。

AUV具有能源独立性和灵活性等优点，可以进行远距离、大规模的潜艇自主作业。AUV的特点符合海底电缆探测作业的严格要求，它可以携带多种探测设备和传感器，可以像勘测船一样在水面巡航，也可以进入船只和潜水员无法到达的深海作业。其检测精度和运行效率远优于人工潜水，拥有探测精度高、环境适应性强、工作效率高的优点。

未来海底电缆运维技术的发展，一是研究携带多种专业检测仪的AUV部署，以补充诠释海底电缆与环境、电缆状态以及电缆结构完整性之间的现场关联。AUV可以搭载低频声纳分析仪，基于多层同心散射理论分析海底电缆在不同生命周期阶段的回波特性，如不同程度的铠装层损耗和绝缘状况。这种类型的技术还将为新电缆的安装过程提供一种新的评估能力，如倾倒在电缆上的石块，可能会对安装点的电缆完整性造成不利影响。二是多种综合状态监测技术，结合AUV/ROV后检查技术，获得海底电缆全生命周期包括生产、运输、安装、运行、维护等多个阶段的大量数据，基于企业资产管理思想（EAM）或者其他资产精益化运维思想以及风险评估与预测技术，评估电缆状态、可用容量、老化情况、剩余寿命和可靠性，运维工作则可根据情况和趋势进行更好的计划。

4.5.1 国际海底电缆运维情况

欧美发达国家海底电缆应用技术的发展比国内要早，其拥有较多多年营运的海上风电场，应用案例更为丰富，因此监测和运维技术更加成体系。国际海底电缆运维有以下特点：

（1）海底电缆长度长。国际上海底电缆已进入深远海发展阶段，因此更倾向于应用长距离分布式光纤传感技术来进行在线监测。国外知名的分布式光纤设备生产厂商基本上都参与了海底电缆监测，如瑞士 Omnisens 公司为英国大盖巴德（Greater Gabbard）500MW 风电场的总长 154km 海底电缆进行了温度的监测。其采用两套测温设备，一套放置于塞兹韦尔（Sizewell）变电站，一套放置于盖巴德（Gabbard）海上升压站，实现所有海底电缆长度上的温度监控。系统分辨率为 3m，温度精度优于 1.5℃，每 30min 一次。从电缆温度可以推断出的信息包括：①在稳定状态下安全运行的负载扩容可能性评估；②温度降低点可能表示电缆暴露；③超过预期温度的电缆可能会导致过载；④如果出现热点，则可能表明电缆被泥浆或沙子覆盖，或者电缆绝缘受损，可能是坠物造成的损坏；⑤如果电缆发生严重位移（例如地震活动或锚拖拽），光纤中的断裂将发出警报并给出断裂的位置。美国 OptaSense 公司采用分布式光纤声波传感器（Distributed Acoustic Sensor，DAS）为在苏格兰加洛韦和坎布里亚海岸之间的海上风电场长度约为 15km 的海底电缆确认故障位置。通过高压脉冲发生器，采用 DAS 进行故障点的确认，定位精度达到了±10m，准确判定故障点在陆上而非海上，相对于 TDR 手动、耗时、精度低（在 15km 长的电缆上，其精度为±300m）的故障定位技术，DAS 节省了大量费用。

（2）船只的不规范活动相对较少。统计数据上来看，第三方破坏并不是海底电缆故障的主要因素，由于较多的海上风电运维进入中期以及后期，国际上更为关注海底电缆的全生命周期运维，重点关注海底电缆的长效性以及长期的影响因素，比如长期磨损和腐蚀带来的生命周期变化。据风能科学杂志统计，到 2019 年为止，英国海上风电场 50 起有记录的海底电缆事故中，其失效原因最多为安装导致，占 46%（其中部分是埋深不足），海底电缆设计原因占 15%，生产制造占 31%，外部破坏占 8%，其中一半是由于冲刷导致。导致外部破坏的因素包括：海床的土壤条件较差、洋流冲刷及极端的气象条件等环境因素导致电缆处于不稳定的放置状态，海底电缆缺乏足够的冲刷保护，以及人类渔业活动如渔网拖曳、挂锚行为等。而苏格兰和南方能源公司（Scottish and Southern Energy，SSE）给出的统计则稍有差别：海底电缆的主要失效模式与外部因素有关，即极端环境条件（47.5%）和第三方破坏（26.7%）；铠装和护套失效是由于腐蚀和磨损等磨损机制；而第三方造成的失效主要是由于随机事件，如船舶事故或下落物。

英国赫瑞瓦特大学（Heriot-Watt University）的研究学者建立了一个综合冲刷、腐蚀、磨损等因素影响的单一电缆寿命预测模型，用于预测由于环境条件（如海床粗糙度和潮汐流）导致的海底电缆损坏长度，这些环境条件会导致电缆上的保护层由于腐蚀和磨损而失效（占海底电缆失效的 40%以上）。对于确定的电缆布局，在不同的海底条件和潮流输入下，该模型通过考虑冲刷效应来计算电缆的运动，然后预测材料因腐蚀和磨损而失效的速度。以此模型开发的电缆寿命评估工具可以为现有设备的预测和健康管理（Prognostic and Health Management，PHM）提供有价值的参考，并允许对不同的电缆产品和安装路线进行验证，通过考虑不同电缆结构和环境条件下的冲刷、腐蚀和磨损，也可以更为准确地评估其电缆系统从设计、部署到生命周期管理的预期寿命。将海底电缆剩余寿命估计、电缆完整性验证和数据驱动预测、电缆完整性升级以及 AUV 检查结合多维度传感器监测融合，集成到一个作战决策支持平台中，形成的海底电缆健康管理监测系统结构如图 4.26 所示，该系统将用于海底电缆寿命估计、实时检查和维护计划。

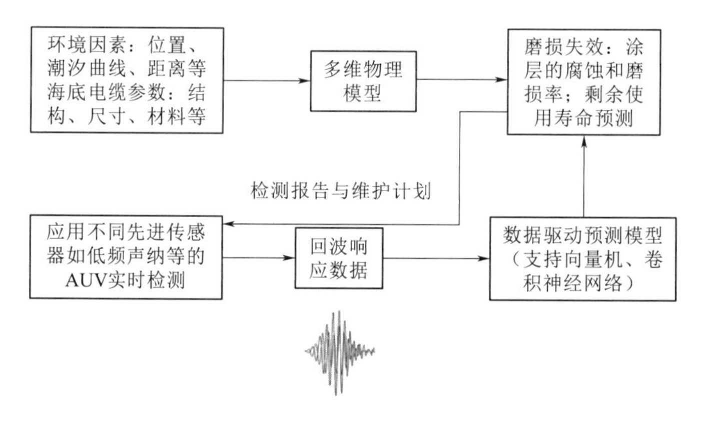

图 4.26　海底电缆健康管理监测系统

4.5.2　国内海底电缆运维情况

相比欧美先进发达国家，国内海底电缆监测与运维技术起步较晚，仅有十余年的运维经验，而海底电缆的设计寿命一般在 30 年，国内海底电缆监测和运维还没有经历过一个完整的生命周期。随着国家十四五规划和碳达峰、碳中和的“双碳”目标的提出，海上风电海底电缆监测和运维的需求愈加迫切，国内众多的单位如舟山海洋输电研究有限公司、国网舟山供电公司、华北电力大学、苏州光格科技股份有限公司都在积极研究海底电缆监测技术及其应用，其海底电缆监测技术包括海底电缆本体的监测，依靠分布式光纤传感技术对海底电缆本体的温度、应变、扰动等参量进行准确的监测，通过温度监测实现海底电缆动态载流量的评估、导体局部绝缘故障导致的过热预警，通过应力监测实现海底电缆因海床坍塌、洋流冲刷等外部因素导致的应力应变加大，通过振动监测结合 AIS 实现海底电缆保护区内船只抛锚的锚害监测。进一步的，还在研究通过本体温度和振动的大数据分析进行海底电缆埋深和裸露冲刷的估计。2021年，苏州光格科技股份有限公司在三峡新能源如东 H6＃、H10＃海上风电场成功实现了国内首个百公里长度柔性直流输电海底电缆的综合在线监测。

近年来国内海底电缆的事故大部分都是第三方破坏导致，其中以锚害为主。目前国内的海底电缆监测与运维技术以监控报警为主。舟山地区对海底电缆监测与运维的经验最为先进，率先提出了以“六项技术监控体系为支撑，一个监控中心为依托，两项应急机制为保障”的海底电缆状态运行管理体系，基于以 AIS 监控报警系统、雷达监视报警系统、远程视频监控报警系统、海底电缆警示和遥测系统、远程语音告警系统、温度扰动监测系统等六大系统实现了监测、报警、展示为一体的综合监控系统，实现了事前预警、事中定位、事后处置的基本思想。

随着国内海底电缆监测与运维技术的发展，海底电缆监测方面的有关标准纷纷制定出台。其中，首个行业标准 DL/T 2457—2021《海底电缆通道监控预警系统技术规范》于 2021 年 12 月发布；能源行业标准《海上风电场工程光电复合海底电缆在线监测系统设计规范》也在制定过程中，预计 2023 年发布。2021 年，舟山市率先制定并实施了国内首个地方海底电缆安全管理规范 DB 3309/T 83—2021《海底电力电缆线路安全管理规范》和风险管理规范 DB 3309/T 84—2021《海底电力电缆运行风险管理规范》，依据海底电缆相关标准规定，结合海底电缆输电工程设计、施工、运行的技术与经验，总结海底电缆各阶段施工及运维检修涉及的安全风险并提出防范措施，为海底电缆线路运行风险识别与控制提供重要保障。

目前国内的海底电缆监测与运维技术从以监控报警为主的海底电缆监测系统，正在向贯穿海底电缆全生命周期的综合监测与运维结合的系统进化。苏州光格科技股份有限公司提出，基于成熟先进的企业资产管理（Enterprise Assets Management，EAM）思想，设计 EAM 中台和数据中台，以监测运维对象海底电缆为主体，以人工智能物联网（AIoT）、大数据技术为牵引，将海底电缆维护作为主线，融合大数据、人工智能、物联网技术、移动互联等技术，建立包含故障处理、计划检修、预防性维护、故障诊断与预测等模式的体系化维修策略，完成从被动性维修到预防性维护的转变，从而实现海底电缆的监、管、维数字一体化管理，海底电缆运维正式进入智慧运维时代。

在此思想下，海底电缆的运维需要与整个资产系统关联起来考虑，而不能单考虑海底电缆本身。如海上风电场对输电的高压海底电缆进行维护时，是否要选择调整另一回路的负载，选择什么时间点进行维护，这需要考虑到风电场的经济损益。另外，与陆上电缆不同，海底电缆的巡查检测需要运维船这种交通工具，考虑到船只的可达性，就需要考查船只的性能（包括类型、船速、载客量、天气限制条件、运营模式和价格等）、气象预测下的海况（包括时间、风速以及浪高等），甚至港口的停靠条件等因素。因此智慧运维系统还需要包含气象预测等模块，可实现优化的船只路径规划，人力资源的安排，综合考虑包括维护人员的数量、工作班次、人员能力和人力成本等因素，通过不同的运维策略（如预防性维护计划、修复性维护策略、基于实时监测的预测性维护策略），最终实现资源利用率、维护成本与维护收益的最优化。

4.5.3 国内外海底电缆运维技术比较

综上，国内外海底电缆运维技术比较见表4.1。

表4.1 国内外海底电缆运维技术比较

特　性	国　外	国　内
海底电缆监测范围	近海与深远海都有	近海较多，局部地区向深远海发展
监测技术	电气状态监测包括TDR、局放、环流；分布式光纤传感以温度、扰动为主	电气状态监测包括TDR、局放、环流；分布式光纤传感以温度、应变、扰动为主；埋深和冲刷已经在探索和应用中
运维重点	基于海底电缆监测的海底电缆全生命周期运维	以监控为主，未来向以融合海底电缆监测和检查的全生命周期运维发展

国外在海底电缆的运维方面要领先国内一步。以海上风电为例，截至2021年9月，我国的海上风电规模已经超过了英国，成为世界第一，到2022年为止，仅海上风电就有约6000km高压海底电缆，5000km中压海底电缆。尽管规模已经超越世界各国，相对而言，海底电缆监测和运维在专业人员以及相关装备等方面仍然差距不小。以运维船只为例，国内经历了早期木片船—渔船—单体交通船—钢制双体运维船以及铝质高速运维船的发展过程。相对于普通运维交通船，运维母船是运维利器，它可以满足远距离运维的需要，运输能力、作业能力、作业周期以及海况适应性大大提高。而国外尤其是欧洲海上风电市场，运维母船起步较早，技术较为成熟，在北欧一些风电场中，在具有31台风电机组并距离海岸30km时便开始使用运维母船。据了解，全世界目前已有30多艘运维母船在役。国内目前暂时没有运维母船在役，但一些业主单位或风电机组厂家也已经在布局建造运维母船。我国研发制造的首艘运维母船（Service Offshore Vessel，SOV）预计将于2023年年底实现交付。相信在不远的将来，国内在海底电缆的运维技术、运维经验、运维人员以及运维装备等方面均会有快速的发展和提高。

第 5 章

海底电缆发展趋势预测及对策

5.1 海底电缆市场分析

当前海底电缆主要应用在沿海城市及岛屿互联、海上石油平台、海上风电等关键领域，在国内外存在广阔的市场及应用前景。近些年，为应对气候变化，推动全球能源资源优化转型，海上风力发电容量不断增加，对电网互联与离网岛屿连接的需求以及海上石油天然气行业需求的增加都将刺激海底电缆市场不断增长。2020 年，全球海底电缆市场规模达到了 229 百万美元，预计 2026 年可以达到 714 百万美元，年复合增长率（CAGR）为 15.8%（2021—2027 年）。

5.1.1 沿海城市及岛屿互联市场

5.1.1.1 欧洲

欧洲是最大的海底电缆市场，占有全球超过 40%的市场份额，其电网主要由欧洲大陆电网及欧洲输电联盟（UCTE）、北欧电网及北欧输电协会（NORDEL）、英国电网和爱尔兰电网组成，这些线路被成员国边界划分，由独立的传输系统运营商管理。欧洲电网所覆盖的国家国土面积普遍较小，工业高度发达，用电负荷密度大，电网结构密集。因而，欧盟委员会致力于结束国家间能源隔离及消除能源瓶颈，创建一个有竞争力、安全、可持续的欧洲范围内满足能源需求增加和可再生能源供应增加的能源市场。欧洲各国电网迫切需要实施电能结构优化配置，以实现电源结构的互补和电量交换。

欧洲各区域根据地理位置不同，制定了差异化发展定位：北欧重点开发海上风电和水电，波罗的海国家重点开发海上风电，作为清洁能源基地，在满足自用的基础上，送电至欧洲其他地区，实现不列颠群岛总体自平衡，承接北欧、格陵兰清洁电力转送欧洲大陆，是重要的电力中转站；西欧、南欧和东欧电力需求较大，是电力受入中心，接受洲内北部的盈余电力和亚洲的清洁电力。总体呈现“洲内北电南送、跨州受入亚非电力”格局，预计到 2050 年跨洲跨区电力流总规模达到 1.3 亿 kW，其中跨洲7500万kW。

北欧电网由于发电量构成不均衡，如挪威水电占95.73%，而丹麦则以火电为主，为此各国电网通过海底电缆工程联网，实现了优化配置，降低了发电成本，减少了备用容量，同时由于联网运行，提高了经济效益。联网线路主要有挪威至丹麦、丹麦至瑞典、丹麦至德国、芬兰至瑞典、瑞典至波兰、挪威至荷兰等，跨越的海域有波罗的海、斯卡克拉克海峡、卡特加特海峡、波蒂尼亚湾和北海，主要采用直流输电，海底电缆总长度超过2000km。

波罗的海沿岸地区电网，由北欧输电协会成员国组成，以水电、核电和火电为主。联网线路有瑞典至德国、芬兰至爱沙尼亚、丹麦本土至西兰岛、瑞典至立陶宛，海底电缆跨越波罗的海、芬兰湾、大贝尔特海峡，以直流输电为主，海底电缆总长超过1000km。

欧洲大陆电网的海底电缆联网工程，主要是跨越北海与北欧电网的互联，联网线路为英国至法国、英国至荷兰、爱尔兰至英国、挪威至德国、英国至比利时，海底电缆长度超过1000km。

地中海沿岸地区的海底电缆联网线路主要为意大利至法国、意大利至希腊、意大利本土至撒丁岛、西班牙本土至马略卡岛、希腊本土至克里特岛等，主要跨越伊特鲁里亚海、亚得里亚海、巴利阿里海峡。

欧洲与北非电网的海底电缆联网线路主要有西班牙至摩洛哥、埃及至约旦、西班牙至阿尔及利亚、意大利至阿尔及利亚、意大利至突尼斯，主要跨越直布罗陀海峡、红海阿尔斯湾、地中海。

欧洲已经形成世界最大的跨国互联电网，覆盖36个国家，海底电缆总长度超过20000km。欧洲电网互联互通是实现清洁能源在电力市场中有效配置和安全供应的必要保障，为此欧盟制订了2030年跨国电网互联水平达到15%以上的目标。欧洲输电运营商联盟等组织研究提出未来要进一步扩大电网互联规模，加强跨国输电通道建设。

5.1.1.2 北美

北美联合电网由美国东部、西部电网和得克萨斯电网、加拿大魁北克电网组成，北美联合电网与墨西哥电网互联；美国本土东部、西部电网通过直流背靠背联网运行；美国东部电网和加拿大魁北克电网互联。

北美联合电网各区域跨海域联网工程以国家本土区域电网的互联为主，分别跨越佐治亚海峡、马拉斯皮纳海峡、长岛海峡、大西洋、胡安德富卡海峡、张伯伦湖与哈德逊河。其中有加拿大本土至温哥华岛（两回路交流电压525kV联网）、美国本土纽黑文至长岛、美国本土塞尔维尔至莱维顿（美国海王星工程）、美国本土圣佛朗西斯科至匹兹堡、加拿大温哥华维多利亚岛至美国安吉利斯、加拿大蒙特利尔至美国纽约，主要采用±230～±550kV直流联网。设计输送容量超过5700MW，海底电缆长度超过1700km。

5.1.1.3 大洋洲

大洋洲地域面积相对较小、国家数量较少，海底电缆主要用于国家本土区域电网互联，例如新西兰本土南岛与北岛电网互联、新西兰本土北岛黑瓦兹至南岛班摩尔、澳大利亚本土与塔斯马尼亚岛联网，均采用±250～±400kV直流，海缆跨越库克海峡、巴斯海峡。

5.1.1.4 亚洲

亚洲地区各国电网受地理条件的限制，目前尚未形成各国之间海底输电互联工程，多为各国本土向岛屿供电及电网区域互联。例如日本本州至北海道、日本本州至四国、韩国本土南海郡至济州岛、菲律宾本土华特岛至吕宋岛等，设计输送容量超过6000MW，主要跨越津轻海峡、纪伊海峡、济州海峡、圣贝纳迪诺海峡。

亚洲目前待建的联网工程较少，主要有沙特阿拉伯红海环岛联网工程和NEOM项目、韩国现代联网工程，前者电压等级为33kV、110kV，后者电压等级为154kV，预计海底电缆需求量在200km以上。

5.1.1.5 中国

中国是一个海洋大国，拥有1.8万km长的海岸线，面积达500m^{2}以上的岛屿有6536个。随着经济增长以及无人工业岛的开发，岛上用电需求持续增加，电力来源从岛上柴油发电转换成更经济、更环保、更可靠的岛外海底电缆送电。主要应用区域有舟山群岛、烟台长岛、温州南麂岛等，应用海底电缆电压等级10～110kV。大型的工业岛因用电量大，一般采用220kV海底电缆，例如舟山鱼山绿色石化岛、厦门岛等，用电需求巨大，采用三回路220kV海底电缆直接送电。市级海底电缆联网工程电压等级最高达到500kV，例如国网舟山联网工程Ⅰ回和Ⅱ回、南网海南联网工程Ⅰ期和Ⅱ期，均采用500kV海底电缆进行电力输送。同时还建成了两个柔性直流联网示范工程，分别是国网舟山五端柔性直流示范工程和南网南澳岛柔性直流示范工程，为国内海上柔性直流工程积累了宝贵的建设和运维经验。

国内目前联网海底电缆应用长度超过3000km。规划中的大型项目有国网浙江舟山500kV联网输变电工程Ⅲ回，预计路由长度50km左右。

5.1.2 海上石油平台

据了解，目前全球海上石油平台数量在500台左右（不含钻井船），原油价格的涨跌直接影响新建平台数量，同时到达设计寿命的平台陆续退出服役，因此平台数量跟原油价格保持基本正相关。各类每座海上石油平台上电缆的用量为：自升式平台150km，半潜式平台180km，采油平台200km，生产平台200km，生活平台100km，其中的应用主要为给水下设备或平台跨接用的动态缆及脐带缆之类特种海洋缆。为平台供电用的常规动力海底电缆需求量相对较为有限，近海平台约为30km/座，远海平台以自发电为主。脐带缆、动态缆单体平台需求量根据开发模式不同差异较大，短则1km，长则近100km。

自2020年新冠肺炎疫情和油价暴跌以来，海洋油气市场迅速萎靡。2021年上半年，国际油价经历了从突破60美元/桶的关口到六月底达到75美元/桶左右的过程，上游运营需求出现改善迹象，装备建造订单总成交金额虽已超过2020年全年水平，但对于依旧处于供给过剩的钻井平台来说，上行的油价对装备新建市场的拉动作用微乎其微。2021年1—6月，全球仍未有钻井平台新建订单成交，持续处于2014年油价暴跌之后的低迷行情。目前国内在建或改建中的海上油气平台约有10座，海底电缆需求量预计在140km左右。

海上平台以往基本采用平台自发电，随着碳排放的收紧，近海油气田开始岸基送电改造，带动了海底电缆新的需求。例如中国海洋石油集团有限公司岸电一期从河北乐亭和曹妃甸铺设两回路220kV海缆连接渤海湾秦皇岛32-6和曹妃甸11-1油田群，新增220kV海底电缆线路72.5km；筹建中的岸电二期110kV、220kV海底电缆需求量在250km左右。此外，小型油田每年的中压海底电缆需求量在100km以上。

5.1.3 海上风电

海上风电已成为全球能源消费清洁化转型的关键力量，近年来整个风电产业链进入重大发展机遇期，欧洲市场主导、中国等亚洲国家快速发展的产业格局逐步形成。截至2020年年底，全球海上风电累计装机总量约3250万kW。2020年，全球海上风电达到35.3GW，涉及18个国家（欧洲12个，亚洲5个，北美洲1个），其中欧洲约占70%，其余几乎全部来自亚洲（主要是中国），英国和中国全球领先（图5.1）。

随着全球各国政府提高可再生能源发展目标，以及新的国家加入风电开发市场，到2030年，全球海上风电市场前景将变得更加光明。预计2019—2024年的年复合平均增长率为18.6%，到2030年，年复合增长率将达到8.2%。2025年海上风电新增安装容量将首次超过20GW，2030年将达到30GW（图5.2）。未来十年，预计将新增205GW的海上风电装机容量。根据各个国家的具体规划方案，新增容量的四分之三将在2025—2030年安装。

5.1.3.1 欧洲

欧洲是海上风电产业的发源地。自1991年在丹麦安装了世界上第一台海上风电机组以来，欧洲在海上风力发电装机容量和风电机组技术创新方面一直处于领先地位。经过30年的研发，海上风电成为具有成本竞争力的发电方式，并且在北海和波罗的海周边国家建立了稳健的海上风电供应链。在过去的10年中，欧洲海上风电市

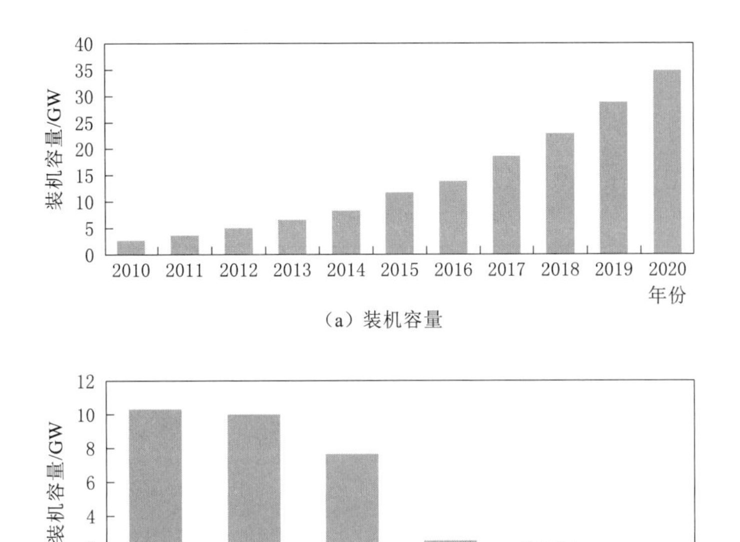

（a）装机容量

（b）主要国家

图 5.1　2010—2020 年全球海上风电统计

（数据来源：REN21）

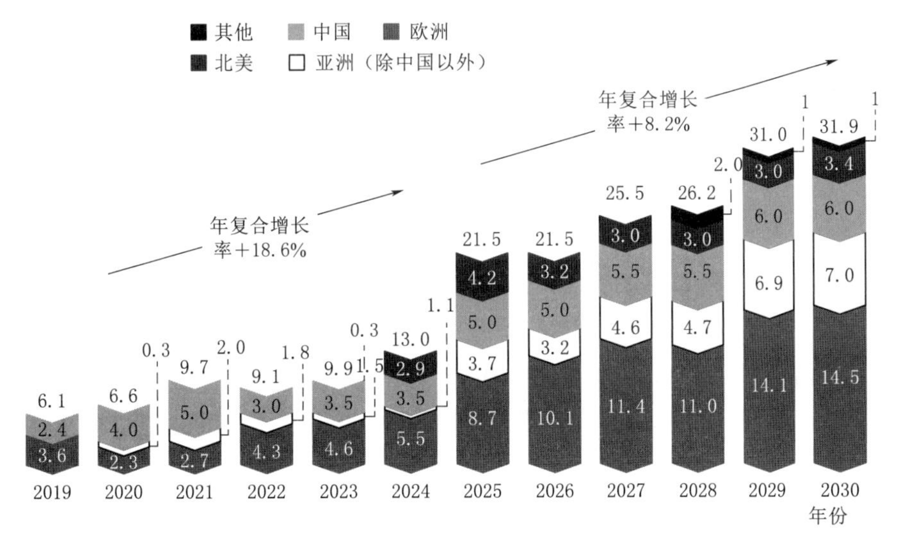

图 5.2　预计未来十年海上新增装机容量（单位：GW）

［数据来源：全球风能理事会（GWEC）市场咨询部，2020 年 6 月］

场实现了两位数的年增长率（11%），使欧洲海上风电成为截至 2022 年年底的全球最大型区域市场之一（图 5.3）。

展望未来 10 年，欧洲海上风电市场将继续强劲增长，因为新的海上风电项目的建造和运营比新建核电和燃气发电厂更便宜，可帮助欧洲实现其国家自主减排贡献

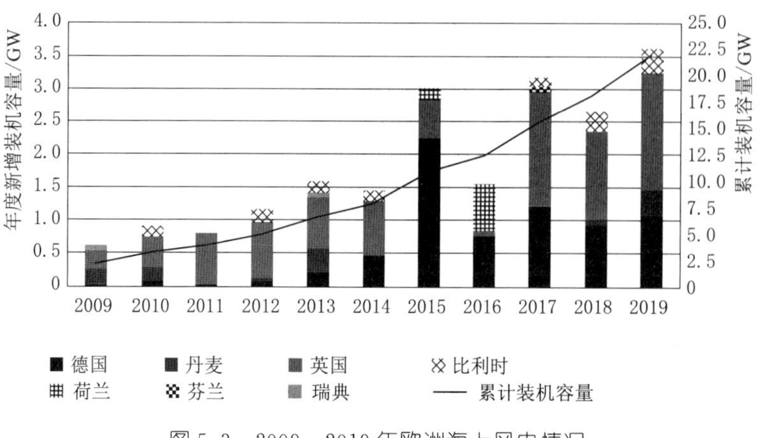

图 5.3 2009—2019 年欧洲海上风电情况

NDC 目标，并在 2050 年之前实现碳中和目标。

欧盟委员会估计，到 2050 年，海上风电总装机容量将达到 240～450GW，这将使海上风电成为欧洲电力结构的重要支柱。GWEC 在新冠疫情发生之前所做的市场前景预测中，曾预计 2020 年和 2021 年将是相对平静的年份，欧洲的新增海上风电装机容量将低于 3GW。在 2020 年新冠肺炎疫情后，并未调整这一增长趋势。然而，预计在度过 2020—2022 年的缓慢启动期之后，欧洲市场很可能在 2023 年获得反弹机会，届时英国的所有 CFD（差价合约）项目都将上线。欧洲海上风电新增装机容量可能会在 2025 年达到 8.7GW。

GWEC 预计在 2025—2030 年，欧洲将建造更多的海上风电。到 2026 年，新装机容量可能会超过 10GW，到 2030 年将会维持在 26GW 左右水平。

1. 英国

作为全球最大的海上风电市场，英国计划到 2030 年将有 40％的发电量来自海上风电。并且通过从 CFD 第 2 轮到第 3 轮实现 30％的成本降低。CFD 第 4 轮有望授予最多 8.5GW 的项目。2020 年 6 月初，苏格兰皇家地产公司还启动了用于海上风电项目的 ScotWind 海底租赁招标，随后英国气候变化委员会（CCC）于 6 月向政府提出建议，到 2030 年英国应交付至少 40GW 的海上风能。

2. 德国

德国联邦内阁已于 2020 年 6 月批准了《海上风电法》（WindSeeG）的修正案。该法案不仅将 2030 年海上风电目标从 15GW 提高至 20GW，而且确立了到 2040 年达到 40GW 的长期目标。该修订案因其带来的数量、规模、就业岗位以及长期可见性而受到业界的好评。

3. 法国

2020 年 4 月生效的《法国多年能源计划》（Programmation pluriannuelle de

l'énergie，PPE）显示，法国将在2020—2028年间进行高达8.75GW的海上风电招标。PPE还提高了海上风电装机容量预期，到2028年达到5.2～6.2GW。其中，到2023年的运营容量目标是2.4GW。从2024年起，法国将根据成本情况，每年进行1GW固定基础或漂浮式风电项目的招标。

4. 丹麦

2020年6月，丹麦议会批准了一项新的《气候行动计划》，其中要求发展两个"能源岛"，一个在北海，另一个在波罗的海（到2030年计划总装机容量为5GW），并且批准在波罗的海开发和建设另一座风力发电场，装机容量最高可达1GW。

5.1.3.2 美国

美国海上风电资源十分丰富，根据美国国家可再生能源实验室（NREL）报告，美国海上风能总资源潜力为108亿kW，即每年潜在发电量超过44万亿kW·h，其中技术开发潜力超过20亿kW（或实现发电量7.2万亿kW·h）。总体从技术上讲，美国东北部，即缅因州、马萨诸塞州、罗德岛州、纽约州、新泽西州具有最好的海上风电发展潜力。南部的佛罗里达州、得克萨斯州、路易斯安纳州虽然拥有漫长的海岸线和宽广的大陆架，但由于其海域风速较低，所以发展优势不如东北部各州明显。拜登新政府上台后宣布2030年实现3000万kW海上风电装机容量目标，并积极推动出台利好政策、加快项目审批进程，一批规划项目正在推进，曾一度被特朗普政府推迟进程的美国第一座80万kW大型海上风电项目（马萨诸塞州马沙文雅岛）已于2021年3月通过环评审批。

据维基百科公开数据显示，美国仅有罗德岛州3万kW和弗吉尼亚州1.2万kW两座海上风电场在运。

罗德岛州布洛克岛风电项目于2016年建成投运，总装机容量3万kW，该项目共建造了五座巨型离岸风电机组，单机容量为6GW，由丹麦沃旭能源（Ørsted）、通用电气和花旗集团合资开发，能够满足布洛克岛超过90%的用电需求。

弗吉尼亚海岸风电项目于2020年建成投运，总装机容量1.2万kW，该项目共建造了两座巨型离岸风电机组，单机容量为6GW，由丹麦沃旭能源、多米尼能源集团合资开发。

截至2021年3月，美国东部海上风电除了已经投运的两个项目，还有13个大型项目已经获得海域租赁批准，总规模达到1156.3万kW，开发商主要为欧洲海上风电开发公司和当地合作伙伴组成的联合体，见表5.1。欧洲海上风电开发公司如丹麦的沃旭能源公司、挪威的Equinor公司；当地合作伙伴主要为风电接入系统所在地的电力公司，如英国电网美国公司（National Grid）、永源能源公司（Eversource）；法国电力集团子公司EDF可再生能源，还有石油行业巨头壳牌公司也参与了美国海上风电投资建设。

表 5.1　　美国海上风电

项目名称	所在州	容量/万 kW	开发商/股东
长岛南区	纽约州	13	深水风电（丹麦沃旭能源与当地电力公司合资）
帝国风电		81.6	挪威 Equinor
旭日风电		88	丹麦沃旭能源
大洋风电	新泽西州	110	丹麦沃旭能源
MarWin	马里兰州	24.8	美国风电
Skipjack		12	丹麦沃旭能源
玛莎文雅岛风电	马萨诸塞州	80	哥本哈根基础设施公司和当地电力公司合资
Mayflower		80.4	壳牌和法国电力集团可再生能源公司合资
帕克城风电	康涅狄格州	80.4	哥本哈根基础设施公司和当地电力公司合资
革命风电	罗德岛州	70	丹麦沃旭能源和当地电力公司合资
弗吉利亚风电	弗吉尼亚州	264	多米尼能源集团
基蒂霍克风电	北卡罗来纳州	250	Avangrid 新能源
Aqua Ventus	缅因州	2.1	海军集团、缅因州大学、Cianbro 公司
合计		1156.3	

对比美国能源部（DOE）、美国可再生能源实验室（NREL）、美国能源信息署（EIA）、国际能源署（IEA）、彭博新能源财经（BNEF）等五家机构最新研究成果（表5.2）可以看出，各家机构关于美国未来海上风电发展规模的预测结果差异很大，总体判断是：2030年将成为海上风电大规模开发的黄金拐点。随着拜登新政府2030年装机容量目标正式公布，未来10年美国海上风电项目的开发进程有望进一步提速。

表 5.2　　未来10年美国海上风电装机容量预测

预测机构	2025年	2030年	2040年	2050年
美国能源部（DOE）	—	2200万kW	—	8600万kW
美国可再生能源实验室（NREL）	—	1600万kW	—	—
美国能源信息署（EIA）	90万kW	1000万kW	1820万kW	1820万kW
国际能源署（IEA）	2019—2030年、2031—2040年分别年均新增150万kW、200万kW，到2040年年底累计达到近4000万kW			
彭博新能源财经（BNEF）	—	—	—	1600万kW

5.1.3.3　中国

我国海上风电起步较晚，上海东海大桥一期100MW海上风电场是我国第一个大型海上风电示范项目，该项目2009年第一批样机并网，2010年正式投产，拉开了我国海上风电建设发展的序幕。我国海上风电产业“兴于补贴”，高强度补贴使海上风电在短暂的时间内快速发展，当前，海上风电产业已经取得了非常辉煌的成绩，截至

2021 年 4 月底，我国海上风电并网装机容量已经达到 1042 万 kW，突破了千万 kW 级规模，新增装机容量连续 3 年位居全球第一。

2021 年以来，不仅是一些在业内领跑的省份加码布局海上风电，更有一批新入局者势头强劲。据不完全统计，截至 2021 年 5 月，包括浙江、江苏、广东、广西等多个沿海省份均陆续发布了“十四五”期间海上风电相关规划目标，新增装机容量预期已超过 25GW，我国海上风电市场规模将实现快速增长。

海南作为国家低碳试点省、国家生态文明试验区，对于应对气候变化这一议题始终颇为积极，但截至 2021 年 5 月，该省尚未有海上风电项目并网。有测算显示，海南 70m 高度平均风速达 6.0～7.5m/s，是我国海上风资源最好的地区之一，业内分析认为，在“碳达峰、碳中和”目标的推进下，其海上风电装机容量很可能迎来突破，成为我国海上风电装机容量的新“增长点”。

山东、广西也纷纷开始发展海上风电。广西将培育海上风电产业，到 2022 年，初步构建海上风电装备产业园，力争年产风电装备装机容量达到 100 万 kW 以上，初步建成海上风电装机容量 50 万 kW 以上。

2021 年，火电占比高达 93%的能源大省山东，在海上风电领域也实现“零的突破”，华能山东半岛南 4 号海上风电项目顺利完成山东首台海上风电机组吊装。业内分析认为，山东海岸线相对较长，海上风电资源条件优异，海上清洁能源的利用有助于该省持续推动能源转型。

我国海上风电装机容量首屈一指的江苏，在“十四五”期间规划的海上风电场址共计约 42 个，规划装机容量 1212 万 kW，规划总面积约 1780km^2。

福建将重点建设福长乐外海、平海湾、漳浦六鳌等海上风电项目以及深远海海上风电基地示范工程。

浙江将打造“近海及深远海海上风电应用基地＋海洋能＋陆上产业基地发展新模式”，到 2025 年力争全省风电装机容量达到 630 万 kW，其中海上风电装机容量达 500 万 kW。

广东计划打造粤东千万千瓦级基地，拟在省管海域风电项目建成投产装机容量超 800 万 kW，促进海上风电实现平价上网。

不仅装机容量预期乐观，多个省份也在其规划文件中指出，将大力推动海上风电产业链升级，近海深水区海上风电柔性直流送出、漂浮式海上风电、海洋波浪能、大容量海上风电机组、海上风电制氢等重点技术研发也被列入规划之中。

当前已经出台的沿海各省“十四五”规划统计如下：

(1) 江苏提出“十四五”末，装机容量规模达到 1400 万 kW，力争突破 1500 万 kW。

(2) 广东明确提出到 2025 年累计装机容量投产达到 1800 万 kW，开工 2000

万 kW。

（3）山东要求“十四五”期间海上风电争取启动1000万kW的装机容量。

（4）浙江提出达到450万kW，累计达到500万kW。

（5）海南规划的“十四五”期间选取5个开发场址，总装机容量300万kW，实现投产120万kW。

（6）广西明确将海上风电作为自治区“十四五”能源和产业发展的重点，规划海上风电场址25个，总装机容量2250万kW。“十四五”核准海上风电项目800万kW，投产300万kW。

多家市场研究机构普遍看好我国海上风电前景。行业分析机构伍德麦肯兹在2021年3月发布的一份报告中指出，未来10年，我国海上风电市场将实现快速发展，有望成为全球最大的海上风电市场，2020—2030年，我国海上风电新增装机容量将达到73GW，在当前基础上翻8倍以上。

尽管海上风电行业发展如火如荼，多位业内人士也向记者表示，我国海上风电市场相对“年轻”，未来发展仍面临着诸多挑战。

2019年我国海上风电度电成本降至0.77元/(kW·h)，但因受近两年“抢装期”影响，海上风电产业链产能受波及，多位行业内人士向记者透露，目前海上风电成本不降反升、海上风电安装船的短缺等因素，或将导致海上风电安装进度不及预期，部分已核准项目甚至面临难以竣工的困境。

与此同时，业内人士也提醒称，海上风电场的长期运营维护、实现全生命周期的盈利，也是各大开发商亟须关注的重要议题。有分析认为，尽管海上风电行业热情高涨，但随着海上风电国家补贴的退出，开发商正面临着较大的运营挑战，如何保障项目长期盈利将是开发海上风电项目的焦点所在。

5.2 海底电缆制造材料发展趋势预测及对策

5.2.1 绝缘材料

1. 抗焦烧绝缘料

对于海底电缆来说，交联聚乙烯绝缘料可实现长时间持续稳定的熔融挤出，对实际工程意义重大，可明显增加海底电缆的单根挤出长度，现有公开的绝缘料最长连续挤出时间为25天，应用于浙江舟山的500kV交流海底电缆工程。未来随着长距离海洋输电线路需求的增加，可满足更长时间挤出的抗焦烧绝缘料将成为绝缘材料的主要发展方向之一。

良好的抗焦烧性能要求绝缘料的基础聚乙烯材料的分子链构结构稳定均一，分子量分布宽窄适中，以保证稳定的熔融温度，可防止在长时间挤出过程中由于材料存在明显加工温度差异而过早造成老化焦烧。此外，杂质含量的控制是保证长时间稳定挤出的基础，防止影响挤出机滤网系统。

2. 低交联剂含量绝缘料

目前绝缘料中交联剂（DCP）含量通常在2%左右，交联剂分解产生的副产物（甲烷、苯乙酮、枯基醇等）对海底电缆的附件安装、工厂接头制作均会造成负面影响，对于高压直流电缆更是会带来明显的空间电荷积聚问题，从而影响直流电缆长期运行可靠性，未来可考虑在保证机械性能的基础上适当降低交联剂含量。

通过优化交联体系或不同交联剂的复配，制备高压电缆绝缘料，降低交联剂的含量，可以缩短电缆的脱气时间，从而提高生产效率；由于交联工艺能耗较大，降低交联剂含量可以节约成本；交联过程往往会在电缆绝缘内部引入交联副产物等杂质，降低交联剂的含量会使得交联副产物减少，在一定程度上改善因交联过程中引入杂质而带来的空间电荷问题，提高电缆的绝缘性能。

3. 环保型绝缘料

随着交联聚乙烯绝缘海底电缆投入应用的年限逐渐增加，海底电缆寿命到期后由于材料热固性不便于回收利用的问题越来越受到关注，因此基于以聚丙烯为代表的可回收绝缘材料是未来新型绝缘材料的主要发展方向之一。

在部分核心指标优于传统的交联聚乙烯绝缘体系的同时，聚丙烯在其他一些传统绝缘研究中很少关注的性能中存在明显的不足，如低温脆性大、耐老化性能差、刚性高等。目前的主要解决思路为通过共混、纳米添加等方法改性。此外，在直接冷却加工的过程中需要考虑冷却方式和绝缘晶型构成的对应关系，从而获得更好的电气性能。

5.2.2 半导电屏蔽材料

目前国内高压半导电屏蔽材料基体树脂全靠进口。国内尚不能生产基体树脂，严重制约了我国高压电缆屏蔽材料的发展和屏蔽材料技术体系的完善，增加了我国在电缆屏蔽材料方面受制于人的风险。因此需要开展国产自主的EBA（乙烯丙烯酸丁酯）基体树脂材料研究，填补我国在屏蔽基料领域的空白，彻底摆脱我国在电缆关键基料方面受制于国外的局面。

此外，高压交直流屏蔽材料的填充碳黑目前全部依赖进口。国内生产的碳黑多为低结构电导率，温度稳定性差，由于结构分散性大，在屏蔽料中均分分散的难度也更大，同时国内碳黑的杂质含量由于生产方式的差别远远高于国外，无法满足高压电缆屏蔽材料的使用要求。国外著名的碳黑研究和生产厂家主要有美国陶氏（DOW）、美国卡博特（CABOT）、日本电化（Denka）等，目前国内高压屏蔽材料所用碳黑被日本电化垄断。

目前国产EBA树脂和碳黑材料的微观结构较差，杂质含量较高，表面光滑性难以保证，这些都严重制约着我国特高压直流技术的发展。研究国产屏蔽材料在分子结构方面的优化提升，优化国产屏蔽材料合成控制及杂质控制工艺，掌握高压屏蔽材料的配方技术和批量化工艺技术具有非常重要的战略意义。

5.2.3 阻水材料

现阶段海底电缆导体或金属屏蔽下的阻水主要通过填充阻水材料实现，大致可分为主动阻水材料和被动阻水材料两种。主动阻水材料具有超强的吸水膨胀性，在接触水分时可以快速吸收水分并膨胀，形成凝胶状物质，阻断渗水通道，从而保障电缆绝缘安全。但是现有研究表明，在水深大于500m的环境下主动阻水材料应用于大截面导体阻水性能明显下降，无法稳定与电缆结构结合锁住水分，后续应开发更为高效的吸水化合物。被动阻水材料则是将疏水性材料填充在水分可能渗入电缆的通道内，物理隔绝水分进入，但同样面临水压增加后其与电缆结构层的结合强度无法满足阻水要求的情况，后续应着重提高与电缆结构层黏结强度更大的阻水材料，并且提高现有阻水材料的填充工艺，确保阻水效果。

5.2.4 铠装材料

在一般情况下，铠装采用的材料有低碳钢，但是这是一种磁性材料，使得导体的周围存在磁场集中的现象，因而会产生不必要的损耗。在单芯的交流海底电缆中，钢丝铠装中的损耗会带来输送能力实质性的降低。目前已经采取了一些降低损耗的措施，比如采用非磁性材料，采用的非磁性材料包括青铜、黄铜、铜或铝。就经济性而言，铜合金的造价较高；铝较便宜，但是更容易被海水腐蚀；由铜丝绞合的铠装有较低的电阻率和耐腐蚀性，但机械性能较低；一种性价比相对较高的材料是采用的不锈钢铠装，因为它具有非磁性、低损耗、高抗张强度和高耐腐蚀的特性。此外，随着海底电缆应用水深逐渐增加，需要重点研究使用高强度非金属材料替代金属作为海底电缆铠装层的材料和工艺技术，对于减少海底电缆单重、降低施工难度和提高海底电缆单根交付长度的意义重大。

5.3 海底电缆制造结构发展趋势预测及对策

5.3.1 导体

1. 型线导体发展

型线导体相比常规紧压圆形导体具有填充系数高的优点，即相同规格的型线圆形导体截面上的空隙面积明显小于紧压圆形导体，同时可有效减少导体材料的消耗，采用型线导体的海底电缆，可有效减少海底电缆材料的消耗，更加绿色经济，符合未来发展趋势。据不完全统计，目前型线导体最大生产截面可达到3000mm^2，随着系统电压等级和输送容量的提高，所需导体的截面会越来越大，使用型线导体所带来的减材降本优势会愈加明显。型线导体截面如图5.4所示。

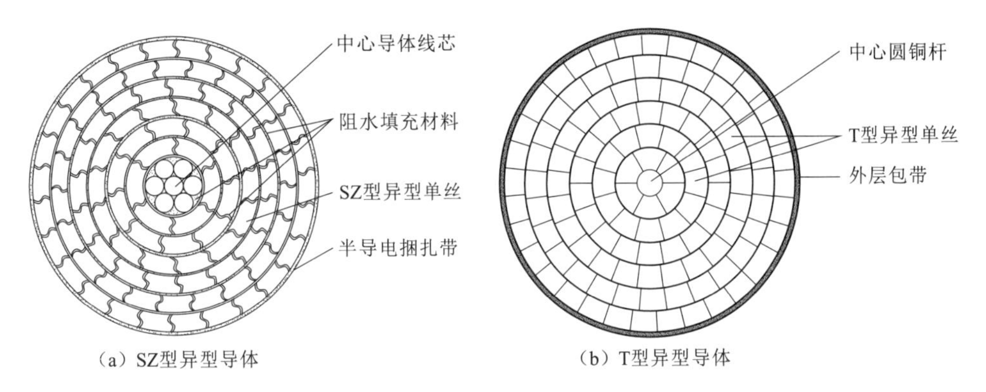

图5.4　型线导体截面图

2. 铜导体向铝导体发展

铜铝均为高压电力电缆的主要导体材料，考虑海底电缆线路输送容量的需要，近年来国内外海底电缆产品的导体材料主要以铜为主，随着未来清洁能源更大规模开发，受有色金属市场变化、海上风电退补贴政策等方面因素影响，未来海底电缆的经济性将更加受到关注。铝材的密度相对铜更小，导电率对比铜有所下降，在综合考虑性能和成本的情况下，未来会有更多的铝芯海底电缆投入使用。相同载流量铝芯海底电缆的导体截面约为铜芯海底电缆的1.29～1.50倍，相同截面铝芯海底电缆的载流量约为铜芯海底电缆的0.8倍，即要实现同等传输容量，导体外径需要适当增大。此外，想要大规模推广应用铝芯海底电缆，需要重点攻克铝导体易氧化的特性对工厂接头制作和预制式接头安装时带来的困难，提高机械强度和避免局部接触电阻增大导致电缆运行过热等问题。

3. 镀层单线发展

交流电缆和海底电缆用漆包线阻水导体，通过采用合理的导体材料和结构型式，解决了大截面导体集肤效应问题，图5.5为两种典型结构。通过漆包线与裸铜线间隔排列或者中心多层漆包单线、外部多层普通单线组合的绞合形式，可有效减轻导体的集肤效应，增大导体有效截面，降低电缆的交流电阻和电能损耗。采用漆包单线材料，通过导体单线表面涂漆和烘焙工艺，将导体内外分隔，导体通过交流电时可显著消减导体的集肤效应，减小导体电阻，增大电缆载流容量。大力发展镀层单线，有助于提高电能传输效率，有效减少碳排放，符合国家“双碳”战略的目标。

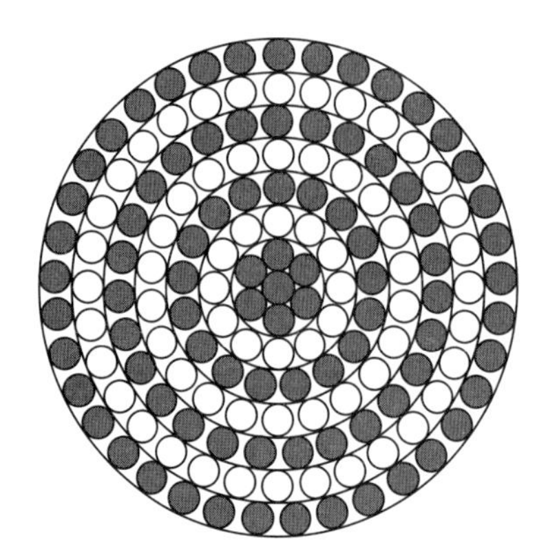
（a）漆包线与裸铜线间隔排列

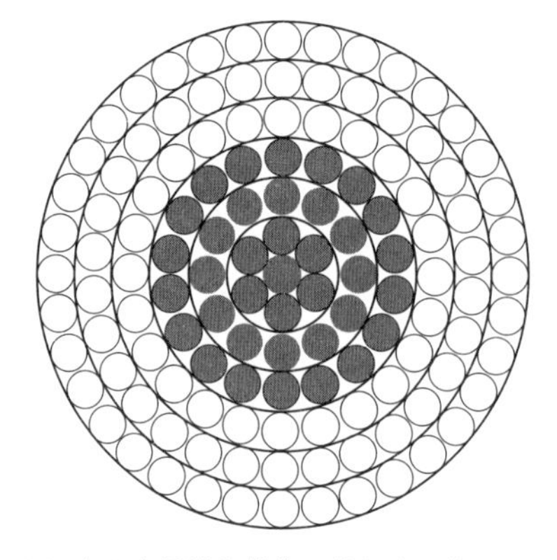
（b）中心多层漆包单线、外部多层普通单线

图 5.5　两种典型结构

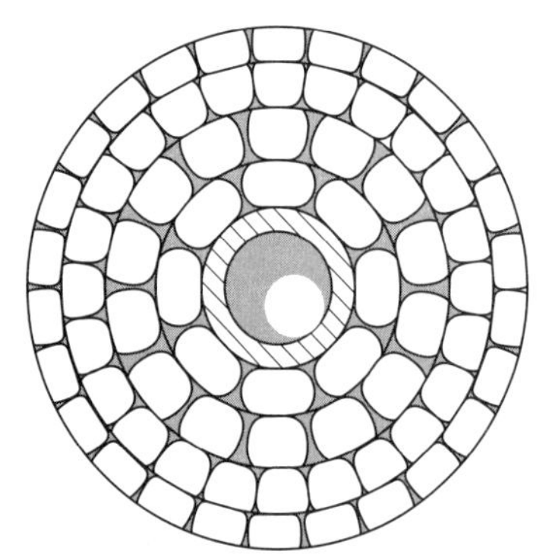
图 5.6　复合光纤阻水导体结构示意图

4. 光纤或光栅植入导体

导体内置测温光纤相比于光纤外置，具有受外界环境因素影响小、安全性好、稳定性佳、准确度高的优点，针对海底电缆运行温度监测用光纤，最佳的放置位置即为导体中间，图 5.6 为一种光纤置入型导体的结构型式。目前国内海底电缆工程多采用光纤复合海底电缆，国外海底电缆工程多采用单独海底电缆。随着国家能源结构改革进程的推进，可再生能源政策持续利好，光纤复合直流海底电缆的需求会持续增加，导体内置测温光纤技术具有广泛的应用空间。

5. 异质导体焊接

海上风电国家补贴渐行渐远，平价时代海底电缆必须主动求变，向成本管控要效益。若将整个海底段电缆的铜导体替换为合适截面的铝导体，可显著降低工程造价，同时可满足传输容量需求。

6. 大水深阻水

随着海上风电的迅速发展和远海岛屿的开发，海底电缆应用由浅水近海向深水远海发展已成为必然趋势。导体结构设计和阻水材料的选择成为海底电缆阻水的难点所在。

综上所述，随着近海风电资源逐步饱和和日益严苛的环保生态等制约，未来海上风电将从近海、浅海走向远海、深海，深水远海发展风电，既可以充分利用更为丰富的风能资源，也可以不占据岸线和航道资源，减少或避免对沿海工业生产和居民生活的不利影响。深远海一般水深大于 200m，离岸距离大于 100km，随着海上风电“平价时代”来临，大截面（型线导体）、大水深、长距离、经济性（异径、异质）将会是未来海底电缆发展的方向。

5.3.2 工厂接头

1. 工厂接头示意图

根据《电线电缆手册》(机械工业出版社，2014)，交联高压电缆接头可分为预制式接头、绕包带型接头、模塑式接头以及模铸式接头四种。目前工厂接头结构型式为模铸式接头，主要特点为采用与电缆相同的绝缘材料注入专用模具加热成形，而后硫化脱气完成绝缘层恢复。工厂接头示意图如图 5.7 所示。

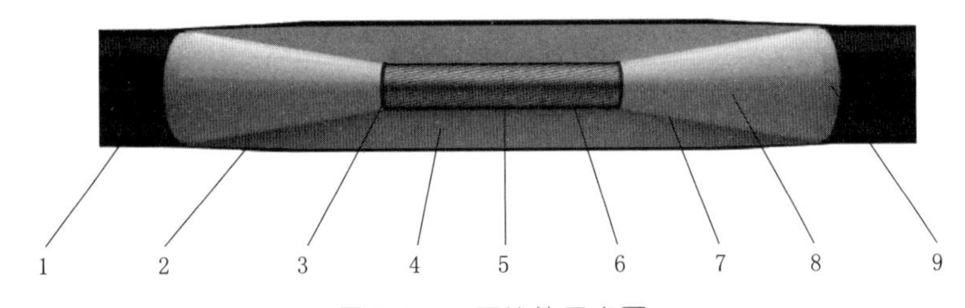

图 5.7 工厂接头示意图

1—外屏蔽层；2—外屏蔽层恢复；3—内屏蔽层；4—绝缘层恢复；5—导体焊接；6—内屏蔽层恢复；7—绝缘层界面；8—反应力锥；9—应力锥

2. 接头制作工序流程

接头制作工序流程如图 5.8 所示。

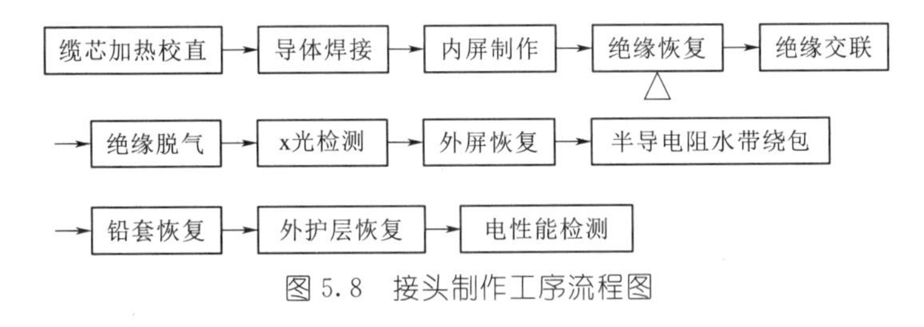

图 5.8 接头制作工序流程图

3. 高压（绕包）模塑式接头

现有模铸式接头绝缘恢复需要使用小型挤塑机以及大型模具进行现场挤塑，在某些特殊工况下，例如井下、平台等，无法顺利实施。而（绕包）模塑式接头则可以很好地解决这一问题，其绝缘恢复采用与电缆本体相同的绝缘带材绕包成形，而后使用模具加热热熔、交联，最终完成绝缘层恢复，具有占用场地小、施工便捷等优势。目前国内多个主流海底电缆厂家已掌握了高压海底电缆绕包熔接头工艺并已将其应用到实际生产中。

5.3.3 金属护套

1. 铜丝屏蔽疏绕高压海底电缆

近年来，随着国内厂家的不断崛起，国内海底电缆的市场竞争日益白热化。为了进一步扩大市场占有率，提高产品毛利率，国内各大海底电缆企业都争先恐后地瞄准国际市场。相比于国内广泛应用的铅护套电缆，国内外常选用铜带屏蔽与铜丝疏绕屏蔽，外层采用铝塑复合带＋护套的综合阻水层结构，可以满足短路电流需求，具有较好的径向阻水效果，符合国家环境友好、绿色、低碳、健康、稳定的发展战略，且相比于铅套、铝套结构，缆芯外径较小，成本较低，未来海底电缆“平价上网”时期具有较大的竞争力。

未来国内外对高压、超高压海底电缆的需求会逐步增加，且会更倾向于铜丝疏绕屏蔽结构，因此未来对高压海底电缆铜丝疏绕屏蔽的产品结构设计以及生产工艺研究势在必行。

2. 改性铝合金挤包绝缘

海底电缆金属屏蔽层目前使用较多的是铅套屏蔽、铝套屏蔽、铜带屏蔽、铜丝疏绕屏蔽四种结构，国内常选用铅套屏蔽结构，其主要原因还是铅套的径向阻水性能较好，但是同样地，铅套带来的是屏蔽层重量的增加以及环境污染的严重，铜带屏蔽、铜丝疏绕屏蔽的阻水性能较差，且此类结构的绝缘必须使用价格高昂的抗水树绝缘。

因此，径向阻水性能与铅套接近的铝套屏蔽越来越受到青睐，且铝的优点有很多，例如，铝的导电率是铅的7倍，导热性好，工作时护层损耗较小，所需厚度比铅薄，雷击时铝护套的排流性能比铅护套好；铝密度比铅小很多，可以使电缆重量大大减轻，方便电缆运输和施工，资源也十分丰富；铝的硬度约为铅的10倍，机械强度、抗疲劳强度、耐振性都比铅高许多；铝的导电散热性好，有利于提高电缆载流量；对环境的污染较小。

5.3.4 铠装

未来随着海底电缆工程逐渐向大水深、远海方向发展，海底电缆的敷设安装面临着更加严峻的挑战，海底电缆的敷设形式更加多样化，工况更加复杂，都对海底电缆的铠装结构和材料提出了更高的要求。本节根据未来的海底电缆发展需求，提出了铠装结构未来可能应用的技术发展趋势和对策。

1. 高强度铠装预扭绞合技术

未来海底电缆产品将由静态向动态发展、由近海向远海发展，海底电缆敷设安装时将会受到更大的水中张力和疲劳作用，采用高强度铠装材料可有效保证海底电缆的运行安全，满足未来深水远海的应用要求。

2. 多层铠装结构及绞合技术

随着未来海底电缆逐渐向大水深发展，海上浮式平台水下生产系统供电、浮式风力发电、波浪能发电等领域将会采用动态海底电缆产品，动态海底电缆是一种位置与受力状态时刻变化的传输电力和通信控制信号的综合电缆，通常由海面浮式结构悬挂至海床（图 5.9），在服役期内不断承受波浪、洋流冲击和浮体造成的晃动。因此，为了提升铠装层结构的强度和抗疲劳性能，另一种解决方案是采用多层铠装结构，通过增加铠装层数量提升海底电缆的整体强度，图 5.10 所示为多层铠装结构海底电缆结构示意图。

图 5.9 浮式风电机组用动态海底电缆

图 5.10 多层铠装结构海底电缆结构示意图

综上所述，未来多层铠装结构将会逐渐向深海应用，铠装结构的力学性能设计和工艺成型稳定性将是主要的难点所在，需要开展进一步的研究。

3. 高强度纤维材料铠装结构及绞合技术

由于近海区域风电场的日益饱和以及跨海洋、跨水域电力通信传输项目需求的增加，海底电缆也逐渐向大截面、高电压、大水深发展。现有交直流海底电缆结构一般采用金属丝铠装型式，如钢丝、铜丝等，具有较大的抗拉强度和弹性模量，但对于高压海底电缆结构，金属铠装层重量一般可占海底电缆整体重量的 30%～50%，在水深超过 500m 以上条件下，海底电缆从敷设船到几百米的水下之后会受到较大的水中张力作用，自重影响明显，同时海底电缆在放线过程中还会受到放线系统的夹紧作用，较大的海底电缆重量会增大放线系统对其的挤压力，不利于海底电缆的施工安装。因此，目前国内外水深达到 1000m 以上的高压海底电缆应用非常少，深海环境对海底电缆的铠装型式提出了更高的挑战。

海底电缆敷设和运行时还会受到较大的海洋洋流和潮汐作用，在大水深中作用下引起较大弯曲，铠装金属丝易引起较大的弹性应力，极易产生“灯笼”起鼓现象。因此，开发采用高强度非金属铠装材料作为金属铠装层的替代结构，或是未来大水深海底电缆铠装结构的研究重点之一。

4. 高强度纤维铠装结构选型和设计

由于高强度纤维铠装结构具有高模量、高强度、耐高温、耐腐蚀和抗老化性能，还具有良好的径向抗侧压和轴向抗拉能力，可提升铠装元件的整体强度和耐磨性能。未来在1000m以上的大水深海底电缆领域将具备显著的优势，目前高强度纤维铠装结构的材料选型、结构设计以及加工工艺等方面均处于研究开发阶段，国内外没有太多的海底电缆工程实际应用；同时，高强度纤维铠装结构由于护层为聚合物结构，因此其抗侧压性能不如金属丝铠装结构，侧向结构易于变形，需要进一步的研究和改善。目前国际巨头普睿司曼等电缆公司均发表过相关研究论文和专利，未来将是深海轻型海底电缆铠装结构的研究方向和难点之一，其铠装结构的性能有待进一步优化和验证，图5.11所示为高强度纤维铠装海底电缆结构示意图。

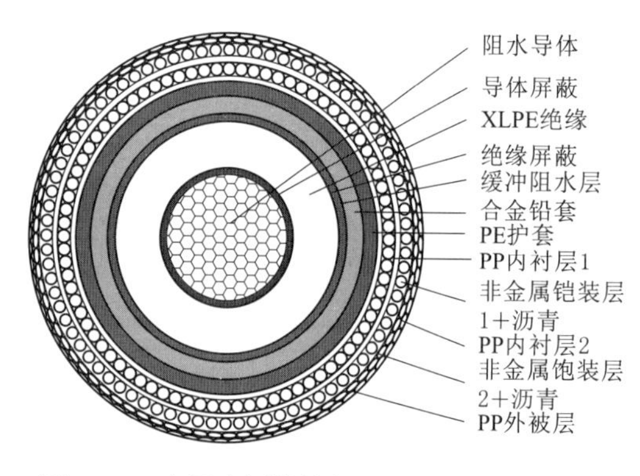

图5.11　高强度纤维铠装海底电缆结构示意图

5. 扁金属丝铠装结构及绞合技术

根据市场调研，海底电缆结构中主要应用圆钢丝或圆铜丝作为铠装层结构，绞合成型工艺相对成熟，能够保证较好的机械性能，而对于水压较大、洋流作用较强的海底电缆运行工况，圆钢丝具有其局限性。目前国内外已出现扁金属丝铠装结构海底电缆的设计和应用，各种海底电缆工程项目需求以及相关海底电缆标准中也有提及扁金属丝铠装的相关要求，扁金属丝铠装海底电缆金属丝厚度要小于圆金属丝，这样不仅可以减小海底电缆外径，节省生产成本，也易于实现多层铠装结构，增强海底电缆的抗侧压性能和水动力性能，提升海底电缆的产品寿命，特别适用于特殊工况、大水深海底电缆结构中；此外，还可以应用到水下动态缆、脐带缆等产品结构中，应用产品种类更加多样化。

但由于扁金属丝铠装工艺绞合成型难度大，国外扁金属丝铠装海底电缆产品虽已有相关应用，而国内相关海底电缆产品则凤毛麟角，市场缺少扁金属丝铠装的海底电缆产品应用，这将是未来海底电缆产品技术发展的机遇和挑战，图5.12所示为扁金属丝铠装海底电缆结构示意图及实物图。

5.3.5　三芯直流海底电缆

随着国内外远海风电场及洲际互联等大容量、远距离海洋输电工程建设规模日趋

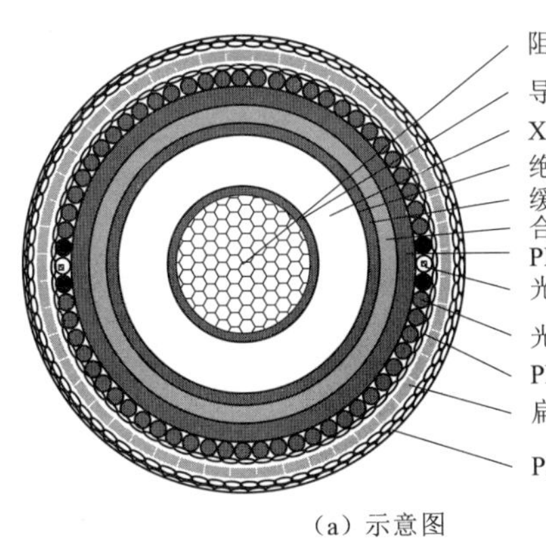

(a) 示意图

(b) 实物图

图 5.12 扁金属丝铠装海底电缆结构图

增长，促使高压直流海底电缆市场未来 5～10 年的需求量激增，与此同时，紧张的海洋路由资源、漫长的施工周期及昂贵的施工成本逐渐成为行业的关注重点。因此开发含回流单元或备用单元的三芯高压直流海底电缆可以有效节约路由资源及施工成本。

基于三芯交流海底电缆结构设计，考虑单回路 2 根极性海底电缆与回流海底电缆或备用海底电缆完成一体化生产，同时确保多根线芯在尺寸不同的情况下成缆保持圆整度。三芯直流海底电缆结构示意如图 5.13 所示。

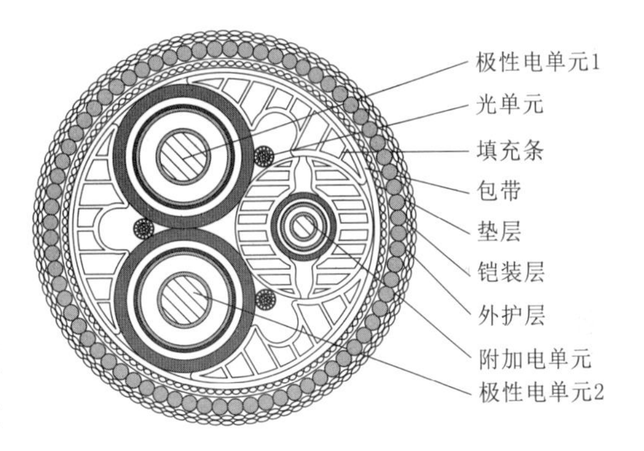

图 5.13 三芯直流海底电缆结构示意图

相比于单芯直流海底电缆，三芯直流海底电缆由于采用紧贴结构设计，受散热影响会造成相同导体截面下传输能力略有不足，但综合考虑其有利于降低直流海底电缆的生产时间、施工成本、施工周期及路由资源，三芯直流海底电缆仍是直流海底电缆未来的发展趋势。

5.4 海底电缆应用发展趋势预测及对策

当前，在实现电网区域跨海互联及向岛屿供电方面，海底电缆输电工程作为其重要组成部分，具有广阔的应用前景。近年来，随着国内外输电技术的发展，在推进经济特区建设、优化能源配置、减少环境污染、提高供电可靠性等要求下，国内比较重大的跨海输电工程已逐步建成。目前已经建成的海南联网一回、第二回投运的 7 根 500kV 交流油纸绝缘海底电缆是海南与南网主网联网的主要输电通道，舟山 500kV 联网输变电工程第一、第二通道投运的交联聚乙烯交流海底电缆是连接舟山电网和宁波电网的主要输电通道。另外，穿越江河湖泊、向海洋海上石油平台的供电也需要各类海底电缆。同时，随着近年来新能源的开发，特别是海上风电技术的进一步发展，海底电缆将得到进一步快速发展。

5.4.1 柔性直流海底电缆

“十四五”是能源碳达峰的关键期、窗口期。其中，以海上风电为主体的新能源供给侧结构将是能源转型的重要支撑。按照中国电力企业联合会2020年开展的“十四五”电力需求规划及中长期发展研究结果，“十四五”期间，我国电力需求还处在较长时间的增长期，预计“十四五”期间电力消费需求达到9.5万亿kW·h，与“十三五”期间相比，有约2万亿kW·h的增长空间。电源结构将呈现清洁化、低碳化的趋势，能源绿色低碳转型步伐不断加快，预计2025年电源装机容量可达27.6亿kW，其中非化石能源发电装机容量占比达到48%。按照有关报道，到2022年年底，我国海上风电累计装机容量约3051万kW；到2025年，我国海上风电新增装机容量将达到3000万kW；到2030年，我国海上风电累计装机容量将成世界第一，达到5880万kW。从广东、江苏、浙江已发布的规划来看，“十四五”期间三个省份海上风电装机容量合计超过30GW。从2021年3月山东省能源局印发《2021年全省能源工作指导意见》提出“实施可再生能源倍增计划，规划布局千万千瓦级中远海海上风电基地，建成投运首批海上风电试点示范项目”来看，闽鲁辽三省也将出台专项规划，合计容量将在6～10GW。也就是说，“十四五”期间，粤苏浙闽鲁辽海上风电规划装机容量预计达到4000万kW，按照目前江苏如东H6、H8、H10海上柔性直流示范项目的配置，每百万千瓦配置的35～220kV海底电缆8亿元、400kV直流海底电缆15.11亿元计算，4000万kW的装机容量需要海底电缆将涉及交流35kV、22kV、直流400kV海底电缆将达到900亿元以上。

1.2030碳达峰粤苏浙闽鲁辽海上风电规划预测

根据《广东省海上风电发展规划（2017—2030年）（修编）》，预计到2030年年底，广东建成投产海上风电装机容量将达到3000万kW，届时或将成为全国海上风电装机容量最大的省份。在广东海上风电规划场址分布图上看到，23个海上风电场址中，总装机容量6685万kW，位于近海浅水区的场址共15个，装机容量985万kW；位于近海深水区的场址共8个，装机容量5700万kW。粤西海域海上风电开发条件好，已成为近期广东发展海上风电的“主战场”；而粤东地区海上风电资源更为丰富，未来全省约80%的装机容量将集中在粤东海域。截至2022年10月，江苏、浙江尚未明确2030碳达峰海上风电的装机容量，据不完全信息，至2030年，粤苏浙三省的装机容量都将增加3000万kW，另外加上闽鲁辽三省的海上风电规划，到2030年有可能达到1亿kW以上。如果按照目前的海底电缆用量计算，至2030年，海底电缆用量将达到2300亿元。

2. 海上风电柔性直流应用

通常来讲，风电并网主要有交流并网、常规直流并网、柔性直流并网3种方式。对于海上风电来说，交流并网要求风电场与并网交流电网保持严格同步，随着风电场规模的扩大，交流并网的频率和电压稳定性问题成为限制其发展的主要因素，常规直流由于不具备发出无功功率的能力，且容易发生换相失败、占地面积较大，不适用于海上风电场并网。柔性直流输电技术在海上风电场景下，如果通过直流方式并网，无需风电场与所连接的交流电网保持同步；采用以IGBT为代表的全控型器件，能够独立控制换流器的无功功率，为风电场提供动态无功支撑；具有良好的故障穿越性能，能够最大限度隔离风电场和并网交流电网故障时的相互影响，没有换相失败的风险，减小了风电机组因低压脱网概率；占地面积小，适合海上风电场的应用，能够在风电场发生严重故障时为风电场母线充电，实现故障后快速恢复。

3. 远海风电资源开发

海上风电可以分为近海风电和远海风电。一般认为，风电场区中心离岸距离大于70km为远海风电。与近海风电相比，远海风电具有远海范围更广、风能资源更丰富、风速更稳定的优势，在远海发展风电，既可以充分利用更为丰富的风能资源，也可以不占据岸线和航道资源，减少对沿海工业生产和居民生活的不利影响。近海风电由于更易受到日益严苛的环保生态等问题的制约，随着海上风电高速发展，近海资源的开发必将逐渐饱和，发展空间受到挤压。由近海风电向远海风电发展，是海上风电未来必然的发展方向。我国海岸线绵延万里，拥有非常丰富的海上风电资源，加之我国沿海大陆架延伸非常广阔，黄海、渤海全部位于大陆架上，东海大陆架宽200～600km，南海大陆架宽180～250km。可以预见，在技术、产业发展的趋势下，我国辽阔的大陆架海域的远海风电资源将会得到进一步开发。

4. 深远海海底电缆应用方面

海上风电的送出主要分为交流和直流两种方式。交流送出系统相对简单，成本较低，但受输电距离、容量以及电压等级的限制，适用于容量较小的近海风电项目；直流送出则不受输电距离的限制，更适合离岸距离较远的大容量深远海项目。由于目前国内并网的海上风电项目多位于近海浅水区域，所以交流输电的送出方式最为普遍。但交流海底电缆的经济性传输距离有限，特别是在使用50Hz交流电时，海水与电芯形成的电容效应将会随电缆长度的增加逐步增大。且有研究表明，对于离岸距离超过70km、容量大于40万kW的海上风电项目，相比交流输电，柔性直流输电更具经济性和可靠性。因此，远海风电的最佳并网方式就是使用柔性直流海底电缆线路。2019年，国内启动多个海上风电柔性直流输电项目，包括江苏如东海上风电柔性直流输电示范项目的99km的400kV直流海底电缆，射阳海上风电柔性直流输电项目的86km

的400kV直流海底电缆等。这些项目的启动，标志着我国海上柔性直流输电时代的到来。预计随着国内风电机组及风场向更大容量发展以及海上风电向深远海发展，海上风电将转向柔性直流输电。尽管国内目前尚未有海上风电柔性直流输电项目正式投运，但我国陆上柔性直流输电项目起步较早，柔性直流技术已经相对成熟，积累了丰富的工程经验，这为应用于海上风电项目的集中送出奠定了坚实的基础。且从国外发达地区经验看，远海风电，特别是100km以上的远海风电，多以柔性直流方式进行并网，这类项目在欧洲北海地区非常多见。因此，我国柔性直流技术已经相对成熟，在陆上项目已经开始商业化应用的阶段。未来柔性直流输电项目料将成为远海风电的主要并网方式，对于±320kV甚至更高等级的柔性直流海底电缆的需求也会大幅增加。

随着全国海上风电进入规模化发展阶段，未来深远海区域将是开发的重点，如何选择更加经济的送出方案成为业内关注的焦点问题。相比陆上风电，海上风电的送出工程更为复杂。风电机组的输出电压需要先通过35kV集电线路汇集至海上升压站，再经海上升压站通过220kV海底电缆接入陆上集控中心。这意味着离岸距离越远的深远海项目，送出工程的成本越高，并且不同的送出方案也会影响项目的收益，所以对于开发业主来说，在成本与收益之间选择合适的送出方案至关重要。有研究表明，对于离岸距离超过70km、容量大于40万kW的海上风电项目，相比交流输电，柔性直流输电更具经济性和可靠性。

2019年7月，国内已经启动了如东和射阳两个海上风电柔性直流输电示范项目的建设。大规模发展海上风电已成为我国深入推进能源转型、促进大气污染防治的重要手段之一。我国海上风电起步晚、发展快。据预测，2023年我国海上风电累计装机容量将突破千万千瓦，市场发展前景巨大。如何实现大容量远海风电跨海输送和安全可靠并网，是电力行业亟待解决的关键技术难题。目前，我国已核准的海上风电项目以离岸距离小于50km、装机容量20万～40万kW的近海项目为主。然而，受生态环境保护、交通航道占用等因素影响，近海风电项目的站址资源日趋紧张。相比之下，远海具有更广阔的海域资源和更庞大的风能储量，开发潜力巨大。随着远海风电并网技术的不断进步及高效利用风能资源的需求日益增长，海上风电远海化发展是必然趋势，远海风电将成为未来海上风电发展的主战场。纵观全球，以英国、德国为代表的欧洲等国正在加快布局，推动远海风电发展。2019年，欧洲在建的海上风电项目平均离岸距离59km，目前已开标的项目中，最远的离岸距离达220km。近年来，我国远海风电发展逐渐起步。统一优化远海海域资源连片开发、探索推动百万千瓦级远海风电集中送出成为引导我国海上风电高质量发展的新路径。未来我国海上风电平均离岸距离预计超过100km，2050年我国远海风电装机容量规模有望达到4000万kW。

目前，中天科技海缆股份有限公司已经成功开发世界最大容量、中国第一根

±525kV 柔性直流电缆，宁波东方电缆股份有限公司完成了国内首个带工厂接头的±525kV 柔性直流海底电缆开发。可以预见柔性直流输电技术未来在海洋风电领域将有更广阔的应用空间。

5.4.2 高压交流海底电缆

（1）海上风电场使用的海底电缆主要是两种：第一种是场内海底电缆，用于连接各风电机组，并将风电机组发出的电流送到海上升压站，我国当前一般使用 35kV 海底电缆，66kV、90kV 场内缆将在未来 3～5 年内开始大量应用；第二种是送出海底电缆，用于连接升压站到陆控站，目前一般采用 220kV 交流海底电缆。

目前海上主流机型的风电机组功率大多为 4～6MW，随着大兆瓦风电机组的普及使用，单个风电场的装机容量也会得到提升。海上风电场若应用 66kV 海底电缆系统，可以减少风电机组回路数量，从而降低海上升压站接线复杂程度，甚至减少海上升压站的数量；还可以减少海底电缆用量，极大降低线路损耗；同时，还可以降低工程造价和运维成本。欧洲目前已经开始普及使用 66kV 海底电缆系统，根据丹麦风能咨询机构 MAKE 的预测，欧洲市场将逐步全面转向 66kV 电压等级。JDR 在海上风电 66kV 方面有着丰富的经验——全球首个使用 66kV 的海上风电项目是瑞典开发商大瀑布（Vattenfall）在苏格兰开发的阿伯丁海上风电场，不设海上升压站，11 台三菱维斯塔斯风电机组被分成 2 组，场内线路和送出线路均为 66kV，海底电缆由 JDR 供货。因此，如果这样的海风电场也趋于大型化，比如 1000MW，那么 66kV 的使用量就会急剧上升。我国也有 66kV 的应用先例，比如华电玉环一期，但离 66kV 大规模应用还有一段距离，不过，根据业内专家分析，66kV 还不是场内电压等级的终点，国外已经开始研发 90kV，知名海底电缆制造商 JDR 公司的首席技术官 James Young 就认为，90kV 场内电压等级在海上风电中是完全可行的，而其根本原因就是不断提高的海上风电机组单机容量。海上风电从 3～4MW 时代发展到 6～7MW 时代，花了数年时间，而再进一步到 9～10MW 时代，仅仅耗费了一两年的时间。未来，单机容量还将迅速提高，GE Haliade - X 12MW 风电机组已经在准备型式认证；西门子在推出 10MW 风电机组后，立马开始研发 12MW 机型，未来 3～5 年内可能会有 15MW 风电机组投运。在这样的趋势下， JDR 也已开始着手研发 90kV 海底电缆。金风科技股份有限公司与中国长江三峡集团有限公司联合研制的全球首台 16MW 超大容量风电机组在福建海上风电场成功并网，创下单日发电量 38.41 万 kW·h 最大发电量记录。

（2）三芯 330～500kV 交流海底电缆研发。目前国内三芯高压交流海底电缆电压等级最高为 220kV，海底电缆传输容量上限为 600MW，600～1000MW 风电场的电能传输方式存在空白；而对于国内海上风电输送容量超过 1000MW 的工程项目，只能选择柔性直流输电送出，需要正、负极两根海底电缆路由，且换流站投入昂贵，工程建设费用较高。随着国际海上风电市场包括欧洲、大洋洲和北美洲所采用的单体风电机组装机容量的提升，由8～10MW提高到10～14MW，风电机组产生的电能汇集在海上升压站的总装机容量将达600MW及以上。基于此背景，国内海底电缆制造商如中天科技海缆股份有限公司等开展了三芯330kV交流海底电缆系统的研发。三芯330kV交流海底电缆系统可以填补600～1000MW风电场传输方式的空白，其相较于三芯220kV输电线路，采用更高的送出电压，满足大容量传输需求；三芯设计节约海底路由资源，减小生产、敷设成本，具有较高的经济效益，同时可以提升公司在海底电缆市场的综合竞争力。部分海上风电输送容量超过1000MW的工程，离岸距离近，采用柔性直流输电方式，造价昂贵。目前研发的三芯500kV交流海底电缆系统，双回传输容量可以达到1200MW，且无需换流站费用，降低百万千瓦级海上风电线路成本，顺应推进竞价上网的政策趋势，适用于地市级海上风电集中送出的需求。同时其满足国内集中规划送出海上风电需求，能够大大节约海底路由资源，随着海底电缆路由越来越长及海洋路由资源批复的限制性，三芯500kV交流海底电缆未来将具有广阔的应用前景，如阳江青洲风电场使用的总长度60km的三芯交流500kV交流聚乙烯海底电缆已通过现场耐压试验，该电缆双回传输容量为1000MW。在未来的工程应用中，三芯330～500kV海底电缆生产制造将打破技术瓶颈。

（3）开发适用于更深海域的漂浮式海上风电技术。传统的海上风电是将风电机组、升压站通过桩基础固定在海床上，但当水深达到一定程度时，固定式基础几乎无法使用或成本极大，而且世界上风资源大多在水深比较深的海域，例如，欧洲80%、美国60%、日本80%的海上风资源分布于固定式基础几乎无法应用的60m以上水深海域，其可开发容量分别达4000GW、2450GW、500GW。一般而言，由于设计局限，海上风电场必须建在相对较浅的水域中，并靠近陆地，在水深超过100m的海域成本过高。而浮动平台允许在海上几乎任何地方部署风力涡轮机，可最大程度地利用海上风能潜力，不仅开拓了可开发的海域范围，而且开发周期更短、对环境更友好，是未来深远海上风电开发的主要技术。除了更深的海域外，在部分海床地质条件不利于固定式的海域，漂浮式海上风电技术也可充分发挥其优势。

根据2009年中国国家能源局发布的《海上风电场工程规划工作大纲》（国能新能〔2009〕130号），大纲规定的规划工作的范围主要为滩涂和近海风电场，其中滩涂风电场包括潮间带和潮下带，指理论多年平均高潮位线以下至理论最低潮位5m水深海域开发的风电场，近海风电场指理论最低潮位以下5～50m水深海域开发的风电场。尚未有60m水深的风电资源，但可以预计的是，我国的60m以上水深的风电资源不会低于美国和日本，因此我国漂浮式海上风电将会是未来开发的主要方向。

事实上，一些欧美国家早在约20年前就已经开始开发用于海上承载风电机组的浮动平台结构。与传统的海上风力发电装置不同，浮动式风电机组不需要在海底打桩再架起来，而是将其建在浮动平台结构上，由锚泊系统固定在海床上，它们之间会利用电缆连接，最终通过一条输出电缆将产生的电力输送到陆上电网。国际能源署（IEA）分析认为，海上风电场向更深海域发展，海上浮式风电发电量在2040年可达世界电力需求的11倍。目前，世界上在建的最大的浮式风电场是Equinor开发的挪威Hywind Tampen项目，装机容量达到88MW，已于2022年11月13日首次并网发电，并成功向北海Gullfaks A平台输送电力。

据欧洲风能协会（WindEurope）预计，未来2～5年内浮式风电增长最快的地区将是美国，美国北部东海岸的深水区目前正在开发中，这将是一个非常大的市场。亚洲也是一个重要的海上风电市场，陆地面积有限、而海域辽阔的日本、韩国将是主要增长市场，其后是中国等临海国家。随着近些年陆上风电和固定式海上风电的成本不断下降，漂浮式海上风电的成本也将会大幅下降。大水深的漂浮式海上风电技术，主要得益于更远更深海域拥有更好的风资源条件，以及应用更大容量的风电机组。同时，随着固定式海上风电行业的发展，漂浮式海上风电的设备、施工、运维、拆除等各项成本及风险也将随之进一步降低。毫无疑问，漂浮式海上风电将在未来海上风电发展中扮演重要角色。

2016年上海市发展改革委、上海市科学技术委员会和上海绿色环保能源有限公司牵头的“十三五”期间科技攻关项目“漂浮式深远海科技项目”，邀请了华锐风电科技（集团）股份有限公司等厂家和研发机构共同推进。在去年由国家发展改革委、工业和信息化部以及国家能源局联合发布的《中国制造2025——能源装备实施方案》中也明确将该技术列为未来研发重点。另外值得关注的是，2016年中广核欧洲能源公司与法国合作方Eolfi组成的联合体成功中标大西洋布列塔尼地区的Groix项目。该项目是法国也是整个欧洲范围内首次进行的规模化漂浮海上风电招标的示范项目。项目的成功中标意味着中广核可以布局漂浮海风市场，积累和掌握漂浮海风项目开发及投资经验，在未来欧洲及全球漂浮海风行业占领先机，为我国海上风电快速发展添砖加瓦。目前全球范围内已投运的、建设中的、最终投资决策的、在规划阶段的浮式风电项目总规模接近20GW。未来10年，浮式风电将保持高速增长，成为可再生能源的重要组成部分。浮式风电的开发将大大带动动态缆系统的需求。但浮式风电动态缆面临大截面、高电压、周期性负荷、绝缘老化、复杂环境载荷等耦合性问题，为验证可行性、降低成本，国际上正开展多项浮式风电动态缆的研发工作。2020年，亨通电力产业集团江苏亨通高压海缆有限公司申报的国家科学技术部（以下简称“科技部”）“深海关键技术与设备”重点专项中的《浮式风电用动态缆关键技术研发与示范应用》项目经科技部立项批复后，正式启动实施工作，开展浮式风电用动态缆系统的设计、制造、测试及示范应用等关键技术研究及一系列应用基础研究。该项目结合漂浮式风电示范项目，实现国内首创，达到国际领先水平，推进我国漂浮式风电发展。2019

年，在葡萄牙北部沿海城市维亚纳堡，全球首个半潜漂浮式海上风电商用项目——大西洋浮式风力发电项目正式通电。2021年宁波东方电缆股份有限公司计划使用一根35kV的动态电缆将一台5.5MW的浮式风机与一台固定式基础风电机组连接，至此，我国首台浮式风电机组已于2021年7月13日在三峡广东阳西沙扒三期400MW海上风电项目中安装。在距离文昌136km的海上油田海域，通过5km动态缆与油田群电网相连的我国首个深远海浮式风电平台“海油观澜号”装机容量达7.25MW，已成功并网发电。目前，漂浮式海上风电的浮式基础有4种类型，分别为驳船式、Spar式（Spar-buoy，单一支柱竖立结构或单柱式）、半潜式（Semi-submersible）以及张力腿式（Tension Leg Platform）。其中，根据锚链的受力状态，又可将前三类归为悬链式基础，最后一类为张紧式基础。漂浮式海上风电用动态缆系统是制约深远海漂浮式风电发展的关键装备，该技术被列为国家重点研发项目。

5.4.3 其他海底电缆

1. ROV缆

ROV缆通常由动力单元、控制电单元、通信电单元、光单元等功能单元组成，集光纤通信、遥控指令传递、视频影像传输、电力远供等功能于一身，综合密集程度高。其具有应用水深深、强度高、结构紧凑、耐磨损、耐静水压力高、适合反复收卷使用等特点，是海洋科考、地质调查等的核心装备之一。其主要应用领域有：

（1）科考领域，ROV、拖体、CTD、电视抓斗等深海探测设备。

（2）海工领域，埋设犁，挖沟机、采矿车等重载施工设备。

（3）海洋观测领域，浮标/潜标和水下接驳盒连接组网。ROV缆通常收卷在母船的绞车上，缆的一端通过绞车的光电滑环传递至控制室，缆的另一端挂载使用设备。使用时，船上A架/吊机将设备放入水中，设备的重力全部由ROV缆承载。绞车逐渐放缆，设备达到目标水深后开始工作。ROV缆此时承载设备重量，同时作为设备与母船的电力/通信通道。当作业完毕，绞车收缆，ROV携带设备出水。

2. 脐带缆

脐带缆是动力电缆、信号电缆、光缆与液压或化学药剂管的组合体，主要为水下生产系统，例如油气开发、机器人拖体等提供电力、提供液压通道、提供油气田开发所需化学药剂管线、传递上部模块的控制信号及水下生产系统传感器数据，其中液压或化学药剂管通常为钢管或软管。脐带缆是水下控制系统的关键组成部分，是连接平台上部设施和水下生产系统的重要纽带，也是“生命线”。随着2017年、2018年宁波东方电缆股份有限公司和中天科技海缆股份有限公司相继在水下生产系统用脐带缆正式开工制造，国内油气田使用的脐带缆全部由国外公司供货的历史已经一去不复返。随着科技的日新月异和人类对未来的探索，脐带缆将在深海油气田、矿产开发、全海深科考、海底机器人拖体等方面越来越得到大量应用。

在深海油田开发方面，随着我国南海深远海域的逐步开发，油田平均水深将从400m到700m或者更深海域，例如中国海洋石油集团有限公司流花16－2油田/流花20－2油田联合开发项目新建1艘15万t级FPSO、3座水下生产系统，计划投产开发井26口，2022年2月17日，流花16－2油田日产量已突破1.6万m^3。这些都将大量使用深海水下脐带缆。

在深海气田开发方面，2014—2020年，我国南海相继投产了荔湾3－1气田、流花34－2、流花29－1三个深水气田，其中流花29－1气田水深达到785m，气田开发项目包含7口开发井，投产后高峰日产量达170万m^3。相信随着深海气田的更进一步开发，深水脐带缆应用前景广阔。

在深海矿产资源开发方面，国际公海海底区域内蕴藏着丰富的多金属结核、富钴结壳、海底热液硫化物等矿物资源，随着全球陆地资源日渐枯竭，国际海底矿产勘探与开发越来越受国际社会广泛关注与重视。在不远的未来，海底5km以下的深海采矿技术突破后，使用脐带缆的机器人以及采矿设备将在水深极深、水压大、采集全程无人化的工作环境中造福全人类。

在深海潜水器应用方面，一直以来，人们对于海洋的认识最好奇的莫过于两件事，一是海洋究竟有多深，二是海洋的深处究竟有什么。进入21世纪，人类海洋探索的热情有增无减，新装备和测试的开发应用，使人们对海洋的认识越来越深入，且随着信息和样品采集技术的改进，深海科考逐渐成为国力强弱的标志。2020年，中国“奋斗者”号完成万米级下潜，成功探底马里亚纳海沟，并由深海视频着陆器“沧海号”和“凌云号”顺利完成联合作业进行工具布放并精准找回，其中中天科技海缆股份有限公司提供的脐带缆为视频直播提供了安全保障和通信支持，预计未来载人潜水器的功能将得到极大扩展，深海科考中脐带缆将为全海深载人潜水器提升技术装备能力和自主创新水平。目前，深海潜水器不仅应用于深海科学考察，还广泛应用于包括海洋工程、港口建设、海洋石油、海事执法取证和海军防务等诸多领域，用于完成水下搜索、探测打捞、深海资源调查、海底管线敷设与检查维修、水下考古、电站及水库大坝检测等各项工作。随着深海潜水器进一步向远程、深海、智能型发展，深海潜水器中的脐带缆将朝多单元复合、多层次铠装、外径尺寸更大、长度更长、质量更大、可靠性更高等发展，将对国内脐带缆的研发水平、制造工艺水平等技术提出更高要求。另外，由于动态脐带缆在安装、在位过程中一直受到海流、波浪、浮体运动的作用，因其本身自重因素，容易发生失效，因此必须保证脐带缆局部和整体力学性能在寿命周期内安全运行，需要对动态脐带缆的截面设计、力学分析、制造技术、安装技术等关键技术进行研究开发。

走向深海是脐带缆发展的主要方向，脐带缆在极端的波浪和海流载荷下具有不被临近的立管、锚线或者结构干扰破坏等优势。未来随着脐带缆在深水的应用，水下环境将对脐带缆提出更多的要求，如脐带缆的尺寸、拉伸角度等，尤其在超深水水域，脐带缆的悬挂负荷比较高，对安装和运行都会带来很多困难，出于重量的考虑也会限制电缆的尺寸，且在一些应用中需要进行高压输电，电压等级的提高对电缆的设计与技术带来了更高要求。另外，还需要研究长距离脐带缆的技术。总之，脐带缆的海洋深水的应用，需要提升脐带缆特别是动态脐带缆的系统设计、分析、制造等关键技术能力并进行长距离脐带缆技术研究。

3. *海底数据中心复合海底电缆*

数据中心是全球协作的特定设备网络，用于在网络基础设施上传递、加速、展示、计算、存储数据信息，是数字经济的“底座”。近年来，我国数据中心产业持续快速发展，但其高能耗的特性对电力供应提出了新的挑战。2019年，工业和信息化部、国家机关事务管理局、国家能源局联合印发《关于加强绿色数据中心建设的指导意见》（工信部联节〔2019〕24号），明确提出建设绿色数据中心是构建新一代信息基础设施的重要任务，其中要求到2022年，“数据中心平均能耗基本达到国际先进水平，新建大型、超大型数据中心的能源利用效率（PUE）达到1.4以下”。PUE是数据中心消耗的所有能源与IT负载消耗的能源的比值。2018年微软把一个数据中心沉入苏格兰北部冰冷的海底，经过两年试运行后取回。这个数据中心有864台服务器、27.6PB存储，可靠性比普通数据中心高8倍。这次取回启动了一个长达数年的项目的最后阶段，证明了水下数据中心这个概念不仅在运作、环境和经济等方面具有实用性，更是切实可行的。2020年11月29日，我国首个自主研发建造的海底数据舱在珠海市中海福陆码头成功完成下水布放，开始进行相关水下性能测试。2021年1月8日，实现第一次打捞上岸并进行数据分析。2021年1月10日，海底数据舱在珠海高栏港亮相。2021年4月13日上午，海南自由贸易港2021年（第二批）重点项目集中签约，其中海底数据中心示范项目的协议由北京海兰信数据科技股份有限公司与海南省信息产业投资有限公司同海南省工业和信息化厅签署。项目规模为5个海底数据舱，参照A级数据中心标准设计，主要业务将为海南自贸港数据安全有序流动提供支撑。海底数据中心由岸站、海底高压复合缆、海底分电站及海底数据舱组成。岸站通过复合海底电缆向海底分电站进行高压输电；海底分电站内部进行高压变电并实现智能化的开关功能；海底数据舱内部通过配电实现对每个IT设备的电力供应，并将产生的热量通过冷却系统散入海水中，其中IT设备通过海底光电复合缆与岸站联通，接入互联网，进而实现数据的多种应用。海底数据中心解决方案不仅在PUE、水资源利用效率（WUE）方面能够解决能源、水资源消耗的问题；更会深度结合清洁能源，推进“碳达峰、碳中和”的战略目标实现。一位石化行业的专家表示，我国东部沿海的辽宁、山东、江苏、浙江、广东等省均为石化产业发达省份，数据中心的建设无疑将为行业数字化转型起到有力支撑。对于土地资源紧缺又想建设大数据中心的沿海地区，海底数据中心是一个值得尝试的选择。作为北京海兰信数据科技股份有限公司控股股东和发布会联合主办方之一的深圳市特区建设发展集团有限公司也给予高度重视。深圳市特区建发海洋产业发展有限公司执行董事李文蔚表示，将助力海底数据中心迅速市场化，拟设立10亿元海洋产业投资基金，推进海底数据中心的商业化应用。

附录A　国内海底电缆施工船经典船型

船　名	船　型	主要技术参数
1. 中英海底系统有限公司		
（1）福安号海底光缆施工船		总长 141.5m，型宽 19.4m，满载吃水 6.1m，总吨位 10105t，净吨位 3031t，主电缆舱容量 1200m^3，电缆总装载量 2394t，系改装海底电缆施工船，配备 A1 级动力定位系统，作业部位为尾部作业
（2）福星号海底光缆施工船		总长 66.0m，型宽 20.5m，满载吃水 2.63m，总吨位 2363t，净吨位 709t，系柱拖力 25t，续航能力 25 天，主电缆舱容量 587m^3，总装载量 706t，Kongsberg Simrad SDP600 动力定位系统
（3）福海号海底光缆施工船		总长 105.8m，型宽 20.0m，满载吃水 9.1m，总吨位 6303t，净吨位 1891t，最大系柱拖力 110t，主电缆舱容量 2736m^3，电缆总装载量 5700t，配备先进的 Kongsberg SDP21 动力定位系统，作业部位为尾部作业，配备直升机甲板
（4）福莱号海底光缆施工船		排水量 5662t，总长 103.1m
（5）Bold Maverick 号		总长 105.8m，型宽 20.0m，满载吃水 9.1m，总吨 6303t，载缆量 5700t，Kongsberg SDP21

续表

船　名	船　型	主要技术参数
2. 浙江舟山启明海洋电力工程公司		
（1）启帆9号海底电缆施工船		总长110m，型宽32m，型深6.5m，最大载缆量5000t，8点锚泊定位系统及4台悬挂式全回转推进器、具备DP-1级动力定位，装配国内首个船载海底电缆接头制作净化房，满足高电压等级海底电缆接续制作环境要求
（2）建缆1号海底电缆施工船		总长65m，型宽（22+10）m，型深4.5m，最大载缆量2100t，总吨位3970t
（3）舟电7号海底电缆施工船		总长75m，型宽15m，型深5.5m，设计吃水3.5m，满载排水量2989.3t，船速11knot，配备先进的动力定位系统、侧推系统、动力退扭系统和埋设系统，埋设的电缆直径可达到20cm，埋设深度最大为3m，电缆敷设偏移不大于2m，电缆敷设最长可达30km
3. 上海基础工程有限公司		
（1）建基3001海底电缆施工船		总长63m，船宽22m，型深4.5m，满载吃水2.3m，载缆量1500t
（2）建基3002施工船		船长60m，型宽22m，型深4.4m，满载吃水2.6m，载缆量1500t
（3）建基5002施工船		船长82.9m，船宽27.4m，型深4.9m，满载吃水3.3m，载缆量5500t

续表

船　名	船　型	主要技术参数
（4）爱缆七号施工船		船长 97m，船宽 30.5m，型深 6.1m，载缆量 7000t
4. 上海凯波水下工程有限公司		
（1）凯波 1 号海底电缆施工船		船长 58m，型宽 18m，型深 4.2m，空载吃水 1.0m；载缆量 1900t，总功率 750kW，锚缆系统 6 台 20t 锚机，6 只 5t 海军锚，80t 起重把杆吊机。该船设置两个储缆盘，每个储缆盘又分为内储缆圈和外储缆圈，能同时装运多种规格的海底电缆
（2）凯波 2 号海底电缆施工船		自航式施工船，船长 52m，型宽 13.5m，型深 3.3m，空载吃水 1.5m；满载排水量 1500t，载缆量 800t，总功率 1100kW，锚缆系统 5 台 8t 锚机，5 只 3t 海军锚，50t 起重把杆吊机，16t 全回转吊车
（3）凯波 3 号海底电缆施工船		船长 72m，型宽 18m，型深 4.2m，空载吃水 0.9m，满载排水量 4000t；载缆量 2500t，总功率 850kW，锚缆系统 8 台 20t 锚机，9 只 5t 海军锚，100t 起重把杆吊机。该船设置两个储缆盘，每个储缆盘又分为内储缆圈和外储缆圈，能同时装运多种规格的海底电缆
（4）凯波 6 号海底电缆施工船		船长 86m，型宽 26m，型深 5m，空载吃水 1.3m，满载排水量 4000t；载缆量 3500t，100t 起重把杆吊机
（5）凯波 8 号海底电缆施工船		船长 91.5m，型宽 30.5m，型深 5.5m，空载吃水 1.3m，满载排水量 8000t；载缆量 7000t，100t 起重把杆吊机
5. 中国海底电缆建设有限公司		
（1）锋阳海工海底电缆施工船		船长 57.6m，型宽 22m，型深 4.2m，载缆量 1000t，满载吃水 2.0m，满载排水量 1916.5t，总功率 1788kW，DP－1 动力定位系统，30t 埋设犁 A 型吊架，30t 埋设犁绞车

续表

船名	船型	主要技术参数
（2）海底电缆2号施工船		建造日期2002年7月30日。总长37.59m，型宽5.8m，型深2.5m，设计吃水1.62m，载缆量55t，总吨位215t
（3）海底电缆5号施工船		建造日期1983年1月1日。总长54.86m，型宽18.28m，型深3.65m，总吨位2200t，全回转可升降推进器2个
6. 宁波东方电缆股份有限公司		
（1）东方海工1号海缆施工船		船长84.8m，型宽28m，型深5.5m，满载排水量7822t，载缆量3500t，全回转可升降推进器4个
（2）东方海工2号海缆施工船		载缆量2500t
7. 江苏亨通电缆股份有限公司		
（1）亨通缆1号海底电缆施工船		船长84.8m，型宽25m，型深4m，满载排水量4289t，载缆量1775t，锚泊系统20t绞车1台，30t绞车5台，40t绞车1台，12t绞车1台，4t阔鳍型德尔泰锚6只
（2）亨通缆5号海底电缆施工船		船长89.2m，型宽27.4m，型深5.5m，满载排水量8654t，载缆量4500t，锚泊系统35t绞车4台，35t航艏锚绞车2台，4t阔鳍型德尔泰锚6只

附录B 国外海底电缆施工船经典船型

船名	船型	主要技术参数
1. 英国全球海事系统有限公司（Global Marine Systems Limited）		
（1）Cable Innovator海底电缆施工船		该船于1995年建造，船长145m，船宽24m，总吨位14277t，净吨位10557t，电缆装载量7500t，DPS-2系统，配备ROV、4m直径鼓轮机、21对轮胎直线式布缆机、35tA型尾吊，作业部位为尾部作业
（2）Cable Retriever海底电缆施工船		该船于1999年建造，船长131.3m，船宽21.8m，总吨位11026t，净吨位5235t，电缆装载量2475t，DPS-2系统，配备ROV、A型尾吊
（3）Wave Venture海底电缆施工船		该船于1999年建造，船长141.5m，船宽19.39m，总吨位10076t，净吨位3023t，电缆装载量7500t，DPS-1系统，配备ROV、30t A型尾吊
（4）Wave Sentinel海底电缆施工船		该船于1999年建造，船长38.1m，船宽位21m，总吨位12330t，净吨位3700t，电缆装载量7800t，DPS-1系统，配备ROV、35t A型尾吊
（5）CS Sovereign海底电缆施工船		船长127.3m，船宽21m，总吨位11242t，电缆装载量6200t，DPS-2系统，配备ROV、35t A型尾吊

续表

船　名	船　型	主要技术参数
（6）Networker 海底电缆施工船		载缆量 650t
（7）Team O-man 海底电缆施工船		该船于 1995 年建造，作业部位尾部作业，电缆装载量 8500t
2. 法国耐克森（Nexans）公司		
C/S Nexans Sk-agerrak 海底电缆施工船	 	该船于 1976 年建造。耐克森公司是世界上仅次于法国普睿司曼公司的电缆生产厂家，其海底电缆业务也是遍地开花，2009 年承建了海南联网工程，其海底电缆施工船 C/S Nexans Skagerrak 号，这是该船第一次进入中国从事海底电缆工程业务，也让国人认识了国外先进海底电缆船装备及施工技术。 船长 112.25m，船宽 32m，总吨位 9373t，（转动）电缆装载量（直径 29m）7000t，DP-2 系统，一座直升机平台，作业部位为尾部作业
C/S Nexans Sk-agerrak 海底电缆施工船（改造后）		2010 年 3 月，耐克森公司对 C/S Nexans Skagerrak 海底电缆船进行改装和升级，该项目主要插入一个新的、长 12.5m 的预制船体分段，将该船的总长度扩大到 112.25m。同时还安装了另外一个居住舱模块，将船上的单人舱总数增加到 60 个，还包括一个新的工作甲板和电缆处理设备，将平台存储面积从 $900m^2$ 扩大到 $2000m^2$。此次升级将该船的载重量从原先的 7886t 提高到 9373t。敷设更大规模的电力电缆和控制电缆安装工程的能力得到增强，以满足海底内部连线和石油天然气行业客户的不断变化的需求。并且还延长了该船的使用寿命，提高了其在海上的独立性

续表

船名	船型	主要技术参数
3. 意大利普睿司曼（PRYSMAIN）公司		
GIULIO VERNE 海底电缆施工船		该船于1983年建造。普睿司曼公司是目前世界上最大的电缆生产厂商，其海底电缆业务覆盖全球，海底电缆敷设施工主要有GIULIO VERNE号海底电缆船来承担，此船承建了大量海底电缆工程，颇受业界好评。 船长133m，船宽32m，总吨位10674t，净吨位10569t，（转动）电缆装载量7000t，一座直升机平台，作业部位为尾部作业
4. 荷兰波斯卡利斯（Boskalis）公司		
NDURANCE 海底电缆施工船		该船是一艘新概念的电缆铺设船，是有总部设在英国艾默伊登海上船舶设计师公司旗下的OSD IMT海事咨询有限公司设计，2013年上海振华船厂建造，此船为最新建造的海底电缆施工船，极具代表性，也证实了国内具备建造世界先进海底电缆船的实力。 该船长度99m，宽度30m，吃水4.8m，排水量12285t，载缆量5000t，DP-2系统
5. 荷兰VSMC公司		
（1）CLV Stemat Spirit 海底电缆施工船		该船总长90.0m，型宽28.0m，型深6.5m，最大吃水4.7m，总吨位5551t，载缆量4600t，DP-2系统
（2）CLB Stemat 82 海底电缆施工船		总长80.0m，型宽28.0m，型深6.0m，最大吃水4.46m，最大载重7725t
（3）CLB Pontra Maris 海底电缆施工船		总长70.0m，型宽23.8m，型深5.7m，最大吃水3.09m，最大载重2950t
（4）CLB Stemat Oslo 海底电缆施工船		总长76.0m，型宽24.0m，型深4.7m，最大吃水3.46m，最大载重4615t

续表

船　名	船　型	主要技术参数
6. 意大利 Elettra Tlc S. p. A. 公司		
（1） Certamen 海底电缆施工船		载缆量 1200t
（2） Teliri 海底电缆施工船		载缆量 2500t
7. 日本 TNT 公司		
（1） Subaru 海底电缆施工船		总长 124m，型宽 21m，最大吃水 7m，总吨位 9557t，净吨位 2867t，载缆量 4000t
（2） VEGA 海底电缆施工船		总长 74.25m，型宽 12.5m，最大吃水 4.6m，总吨位 1336t，载缆量 169m^3
8. 日本某公司		
KOUKI 海底电缆施工船		该船于 2000 年建造，作业部位为尾部作业，电缆装载量 4000t，总吨位 9190t，净吨位 5000t
9. 迪拜 e－marine 公司		
（1） Etisalat 海底电缆施工船		载缆量 660t，装备 ROV

续表

船　　名	船　　型	主要技术参数
（2） Umm Al Anber 海底电缆施工船		载缆量 4500t，装备 ROV
（3） Niwa 海底电缆施工船		载缆量 6098t，装备 ROV
10. 美国 Tyco Telecommunications 公司		
（1） GLOBAL SENTINEL 海底电缆施工船		该船于 1990 年建造，作业部位首尾作业，船长 144.78m，船宽 21.6m，型深 11.3m，总吨 13201t，电缆装载量 7900t，A 型尾吊，配备 ROV，DPS-2 系统
（2） Tycom Reliance 海底电缆施工船		载缆量 5466t，装备 ROV
11. 挪威 Oceanteam Shipping 公司		
102 海底电缆施工船		载缆量为 7000t
12. 挪威 SUBSEA 7 公司		
（1） Skandi Seven 海底电缆施工船		张紧器 1200t，垂直敷缆系统

续表

船　　名	船　　型	主要技术参数
(2) Seven Navica 海底电缆施工船		总长 109m，型宽 22m，型深 9m，排水量 9560t，DP-2 系统
(3) Seven Oceans 海底电缆施工船		总长 157.3m，型宽 28.4m，型深 12.5m，排水量 10930t，DP-2 系统
(4) Seven Waves 海底电缆施工船		总长 145.9m，型宽 29.9m，型深 13m，排水量 11312t，DP-2 系统
(5) Skandi Seven 海底电缆施工船		总长 120.7m，型宽 23m，型深 9m，排水量 5500t，DP-2 系统
13. 韩国某公司		
(1) SEGERO 海底电缆施工船		1998 年建造，电缆装载量 4200t，总吨位 8320t，作业部位为尾部作业
(2) BADARO 海底电缆施工船		

附录C 国外机械式海底电缆开沟机

1. CBT 800系列单链锯开沟机

CBT 800系列单链锯开沟机为SMD公司生产，开沟机长12.5m、宽6.5m、高5.5m，空气中重量30～50t，最大开沟深度2m，埋缆直径300mm，开沟速度0～250m/h，适应的地质条件包括所有砂土，开沟机样式如图C.1所示。

2. Hi－Trap单链锯开沟机

Hi－Trap单链锯开沟机为IHC公司生产，开沟系统主要用于浅海、滩涂区域埋缆作业，具有较强的抗流能力，可以在流速5kn的海流中作业，开沟机本体（不带开沟作业套件）质量35t，长8mm，宽8mm，高4mm，总功率1200kW，具有链锯结合射流联合开沟、纯射流开沟两套作业系统，作业时可以根据实际需要选装一套。Hi－Trap单链锯开沟机样式如图C.2所示。

图C.1 CBT 800系列单链锯开沟机

图C.2 Hi－Trap单链锯开沟机

3. CBT 3200系列多链锯开沟机

CBT 3200系列多链锯开沟机是目前功率最大的海底开沟机，总功率达到3200马力，主要用于开凿V型沟槽以保护海底大直径管道。CBT 3200系列开沟机长22.5m，宽13m，高9.6m，空气中质量220t，如图C.3所示，最大开沟深度2m，最大埋管直径1500mm，开沟机适用地质条件包括所有砂土地质状况，对于黏土和岩石适用于12kPa～40MPa强度范围，履带软土适应条件12～20kPa，总功率3200马力。

4. I－trencher多链锯开沟机

I－trencher多链锯开沟机是荷兰IHC公司研发的履带推进链式开沟机，它具有很高的功率重量比，既可以进行电缆埋设，也可以进行海底管道埋设。开沟机主体尺寸长 17.4m，宽 10m，高 6.1m，空气中质量 80～85t，水中质量 35～40t，如图 C.4 所示，总功率 1250kW，最大工作水深 1500m，最大埋缆直径 220mm，开沟机上还可以配有 2～4 台抽吸泵，总功率 800kW。

图 C.3　CBT 3200 系列多链锯开沟机

图 C.4　I－trencher 多链锯开沟机

5. 多功能开沟机

多功能开沟机是以机械式开沟机为本体开发的具有多种海底作业功能的综合型海底爬行机器人。海底机械式开沟机重量、功率都很大，并配备履带底盘能够在海底爬行，同时携带众多传感器，是很好的水下作业平台。因此一些以海底机械式开沟机为平台的多功能作业装备被开发出来，以完成水下钻探、水下取样、电缆打捞等复杂的操作，QT 系列海底开沟机就是这样被开发出来。严格意义上它是一台带多种作业包的多功能重型 ROV。它既可以像 ROV 一样在水下自由游动，又带有履带地盘可以坐底作业。

以 QT1400 机型为例，开沟机长 7.8m，宽 6.5m，高 5m，空气中重 3040t，水中零浮力，最大拖力 1000kg。在水下垂向速度 2kn，前后速度 3kn，侧向速度 2kn，总功率 1050kW。它带有 4 个综合作业包，分别是切削疏浚作业包、射流开沟作业包、钻探作业包、链锯式开沟作业包，可根据实际作业需要安装。

当安装切削疏浚作业包时，在首部安装有截割头和抽吸泵，作业深度 3000m，抽吸泵流量 $200m^3/h$，主要用于施工前的水下场地清理工作，如图 C.5（a）所示。

多功能开沟机射流开沟作业状态时如图 C.5（b）所示，可以在砂土和黏土（最大 1000kPa）上开沟作业，开沟深度 1～3m，最大埋管直径 800mm，此时尾部还安装抽吸系统清理开沟泥土。配备的射流系统为双喷冲臂，喷冲臂间距调整范围为 0.5～3m，最大开沟深度 2.5～3m，喷冲压力 7～15bar，水泵两台，单台功率 375kW，喷冲压力 7bar 时，流量为 $2400m^3/h$，15bar 时流量为 $1200m^3/h$。

钻探作业状态如图 C.5（c）所示，取芯直径 75mm，可最多携带 10t 重钻杆，最大钻进深度 90m，最大工作水深 3000m。

链锯式开沟作业如图 C.5（d）所示，开沟深度 1～2m，最大埋缆直径 200mm，适用于剪切强度400kPa以下的黏土，最大工作水深1000m。

（a）切削疏浚作业状态　（b）射流开沟作业状态

（c）钻探作业状态　（d）链锯式开沟作业

图C.5　多功能开沟机

6. 自推进爬行开沟机

自推进爬行开沟机Spider Capjet的生产商为Nexans，主要用于埋缆，开沟机长8m、宽4m、高2.5m，空气中总重14.5t，功率1065kW，主要靠螺旋桨推动。Spider Capjet功率强劲，110kW的液压泵站2台，喷冲功率2×240kW，4.4kW的液压泵站1台，以驱动10只推进螺旋桨。喷冲系统配有两台420kW的水泵，喷射压力1.0～1.6MPa，它带有前后2个喷冲臂，前喷冲臂主要是2个喷管，为电缆进行预开沟，再由后面的喷冲臂将沟槽开到预定深度，其开沟能力达3m，作业深度2000m。Spider Capjet最早被用来在浅水区埋设电

图C.6　Nexans公司Spider Capjet开沟机

缆，后来经过不断改进，1999年形成了现在的开沟机。

7. 开沟型ROV

不同型号的海底开沟型ROV如图C.7和图C.8所示，参数见表C.1。

(a) XT600

(b) XT1200

图C.7　Perry公司开沟型ROV

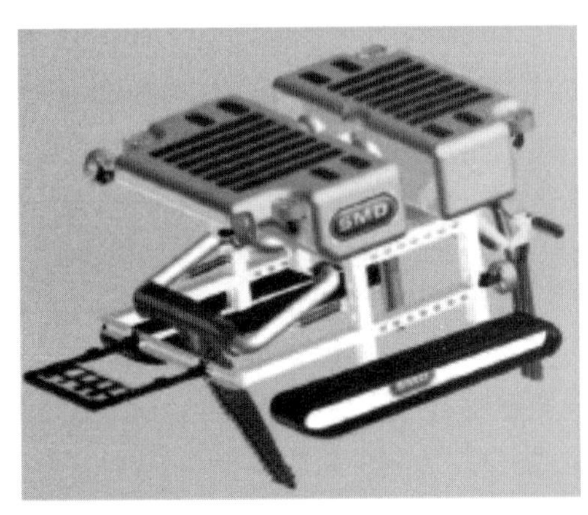

(a) QT1400

(b) QT2800

图C.8　SMD公司开沟型ROV

表C.1　海底开沟型ROV参数

型　号	生产商	尺寸（长×宽×高）/(m×m×m)	重量（空气）/t	总功率/kW	喷冲泵功率/kW	喷射压力/MPa	开沟能力/m	作业深度/m	推进系统
Triton XT600	Perry	4.5×3.9×4	11.9	367	73.5×4	0.96	3	2500	螺旋桨×8 履带×2
Triton XT1200	Perry	9.4×3.8×6.1	19	827	187×2	—	1～3	2700	螺旋桨×8 履带×2
QT1400	SMD	7.8×6.5×5	30	1050	375×2	0.4～1.5	2.5～3.5	3000	—
QT2800	SMD	7.8×7.8×5.6	60	2100	375×4	1.5	0～2.5	1500	螺旋桨×10 滑橇×2

8. 非接触式控流开沟机

不同型号的非接触式控流开沟机如图 C. 9 和图 C. 10 所示，参数见表 C. 2。

图 C. 9　AGR 非接触式控流开沟机（Sea Vater）

图 C. 10　Rotech 非接触式控流开沟机（Twin R2000）

表 C. 2　非接触式控流开沟机参数表

型　号	生产商	尺寸（长×宽×高）/(m×m×m)	重量（空气）/t	螺旋桨泵参数	母船水泵参数	开沟能力/kPa	作业深度/m
Sea Vator	AGR	5×1.6×1.2	3.8	$8m^3/s$	10～16MPa	0～50	5～无限
Twin R2000	Rotech	1.5×1.5×3.9	3.5	—	—	200	1.6 以上

9. 开沟-回填组合犁

IHC 公司的犁式埋缆系统是典型的开沟-回填组合犁，也是目前世界上最大的犁式开沟机系统，由 PL3 型犁式开沟机和 BPL3 型回填犁如组成，如图 C. 11（a）所示。通过在母船 Far Samon 上的操作，它可以在 1000m 深的海底开凿和回填 2.5m 深的沟槽，沟形为 V 型，坡脚 35°。

（a）PL3型开沟犁

（b）BPL3型回填犁

图 C. 11　IHC 公司犁式埋缆系统

PL3 型犁式开沟机长 22m，宽 12m，高 10m，空气中质量 175t，水中质量 150t，可承受最大拖力 400t，设计寿命 10 年，犁式开沟机系统包括犁式开沟机本体、开沟犁刀（倾角35°）、推土犁刀（倾角20°）、首部滑橇、首部抱管机构、尾部抱管机构。该犁式开沟机最大埋管直径1.55m，在首、尾各抱管系统垂向抱管能力100t，如图C.11（b）所示。

VMP系列犁式开沟机是SMD公司研制的可变深度多回次犁式开沟机，它同样由开沟-回填两套系统组成，主要特点是可以进行多次开沟，以达到更大的开沟深度。VMP犁式开沟机主要由犁式开沟机本体、首部滑橇、首部抱管机构、尾部抱管机构、预开沟辅犁、主开沟犁、推土犁组成，如图C.12所示。以VMP 250为例，犁式开沟机长18.5m，宽9.8m，高8.5m，空气中质量120t，水中质量100t，设计最大拖力250t，单次开沟深度1.5m，两次开沟深度2.0m，最大开沟速度1400m/h，最大埋管直径1460mm，软土适应能力大于5kPa，最大工作水深1000m。该犁可进行±8°的左右转向，犁式开沟机后每侧安装有25°的推土犁。

（a）VMP250犁式开沟机

（b）VMP350犁式开沟机

图C.12　SMD公司犁式埋缆系统

10. 多功能犁式开沟机

PLP系列犁式开沟机是SMD公司针对复杂海底地质状况下电缆埋设研制的新一代V型犁式开沟机。在以往的电缆埋设工程中发现，海底地层的多变性和大量的冰川漂砾会增加电缆埋设的时间和破坏的风险，这些海底障碍物还会使得开沟深度不能达到要求。针对这样的工程实际，SMD公司研制了PLP系列犁式开沟机（图C.13），在电缆铺设之前，可先对设计的路径进行清障，以方便后续开沟作业。

图C.13　PLP系列犁式开沟机

不同型号的海底 V 型犁式开沟机参数见表 C. 3。

表 C. 3　不同型号的海底 V 型犁式开沟机参数表

型号	生产商	尺寸/m			质量/t	T/t	P/kW	H/m	C/kPa	V/(m/h)	W/m	D/mm
		长	宽	高								
PL3	IHC	22	12	10	175	150	—	2.5	400	—	1000	75～1550
BPL3	IHC	—	—	—	—	—	—	—	250	—	1000	
VMP250	SMD	18.5	9.8	8.5	120	250	150	2	—	1400	1000	1420
VMP350	SMD	21.4	11.8	9.7	180	350	151	2.5	—	1400	1000	1460

注　T 为工作拖力；P 为功率，功率是指开沟机液压系统的功率；H 为开沟深度；C 为破土强度；V 为开沟速度；W 为工作水深；D 为埋管直径；—表示相关数据不明。

11. 侧向挤压排土式犁式开沟机

SMD 公司生产的侧向挤压排土式犁式开沟机 MD 系列以 MD3160 为代表，犁式开沟机长 9.1m，宽 5.1m，高 4.4m，空气中质量 22t，水中质量 19t，如图 C. 14 所示，设计最大拖力 80t，开沟深度 0～3m，埋缆直径 20～160mm，电缆最小弯曲半径 1.5m，转向角 15°。

图 C. 14　MD3160 侧向挤压排土式犁式开沟机

12. 国内海底电缆埋设开沟机

海底电缆埋设 ROV 海狮 3 号（图 C. 15）适合 3 节水流，可进行 3m 冲埋工具，可调节间距冲埋刀适用于不同直径的海底电缆埋设。海底电缆埋设 ROV 的冲埋动力为：轻装配备时，水泵功率达 350kW，压力 4.2kg，流量 1500 m^3/h；履带配备时，水泵功率达 400kW，压力 5kg，流量 2000m^3/h；电缆冲埋深度达 3m，管线冲埋深度达 2m；适用于 0～150 kPa 不同地质构造的海床；冲埋速度最大 600m/h；最大可埋设电缆尺寸为 150mm，接头盒尺寸为 180～380mm，管线尺寸为 300mm。参数表见表 C. 4。

图 C. 15　海底电缆埋设 ROV 海狮 3 号

表 C.4　　海底电缆埋设 ROV 海狮 3 号参数表

型式	长度/m	宽度/m	高度/m	重量（空气中）/t	前/后速度/knot	平移速度/knot	作业水深/m	推进系统	水下机器人电源
轻装	6.5	3.7	3.0	17.25	3.0	2.0	5～2500	6×HTE500 水平螺旋桨	400V，60Hz，三相，1250A
履带	6.5	5.2	3.2	18.4	1.1	—	—	4×HTE50 垂直螺旋桨	400V，60Hz，三相，1250A

图 C.16　海底电缆埋设 ROV 海狮 2 号

中英海底系统有限公司的水下机器人海狮 2 号（又称无人遥控潜水系统）是由美国 Perry 公司为海底电缆作业而专门建造的先进的水下设备，如图 C.16 所示。该设备能够进行海底电缆修理和海底电缆安装后埋设，最大作业水深达 2500m，参数见表 C.5。

埋设犁 Hi（图 C.17）有两套配置方案：标准的配置是安装一把 2.2m 的埋设刀，并附带一套 500kW 的海底冲埋系统，以适应在硬质海床上进行常规作业；另一套配置是安装一把 3.25m 的深埋刀进行冲埋，这种方式可以使海底电缆在含砂质构成的海床上得到深埋，并可随时调节埋设深度。其参数见表 C.6。

表 C.5　　海底电缆埋设 ROV 海狮 2 号参数表

型式	长度/m	宽度/m	高度/m	重量（空气中）/t	前/后速度/knot	平移速度/knot	作业水深/m	推进系统	水下机器人电源
轻装	3.22	2.23	2.51	5.7	2.6	2.0	5～2500	6×HTE500 水平螺旋桨	500kW，380V，60Hz，三相
履带	3.22	2.94	2.92	6.55	1.0	—	—	4×HTE50 垂直螺旋桨	500kW，380V，60Hz，三相

图 C.17　埋设犁 Hi

表 C.6　　海底电缆埋设犁 Hi 参数表

型式	长度/m	宽度/m	高度/m	重量（空气中）/t	最大拖力/t	电缆外径/mm	作业水深/m	接头尺寸/mm	动力电源/kW
普通	10.3	5.1	4.7	19.5	80	150	2000	380	80
深埋/辅助冲埋型	10.3	5.1	7.5	24.5	20	150	200	380	610

浙江舟山启明海洋电力工程有限公司与上海交通大学联合开发的可调深度埋设犁ML11（图 C.18）是一款能够适应不同海床地质的组合式海底挖沟机，配备有喷射刀具和压缆器，可埋设最大直径 250mm 的海底电缆，最大埋设深度 4m。模块化设计使其便于运输和组装，并能适应潮间带区域作业。ML11 埋设犁参数见表 C.7。

图 C.18　ML11 埋设犁

表 C.7　　ML11 埋设犁参数表

指标	外形尺寸（长×宽×高）/(m×m×m)	重量（空气中）/t	重量（海水中）/t	工作深度/m	开沟宽度/mm	埋设深度/m	埋设速度/(m/min)	土壤剪切强度/kPa
参数	8.6×5×2.5	25	20	≤100	≤350	≤4	2～10	≤80

结　　语

海底电缆输电工程在区域跨海互联、向孤岛或石油钻探平台供电、海上可再生能源发电并网等关键领域有重要应用，近年来随着海上风电场的大量投运，市场需求进一步扩大。我国的海底电缆技术起步较晚但发展迅猛。

本书详细讨论了海底电缆技术及应用发展，对国内外的海底电缆应用及发展现状进行了研讨；对海底电缆设计技术、敷设安装技术及运维技术进行了分析；对典型的国内海底电缆工程——浙江舟山500kV联网工程、国际海底电缆工程——英国Hornsea海上风电工程分别进行了系统讨论；对国际和国内的海底电缆的地理环境与使用条件的差异、电缆结构型式差异、接地方式差异、工程装备差异和运维方式的差异进行了分析对比，并讨论了海底电缆市场、制造材料、制造结构和应用的发展趋势及对策，为我国海底电缆技术的发展提供了有益参考。

未来，随着双碳目标和远海风电对于海底电缆的需求日益紧迫，我国还亟须在海底电缆关键材料技术、设计技术、敷设安装技术及运维技术等方面取得突破，研制符合我国地理环境和市场需求及自主知识产权的海底电缆技术，建设具有我国特色的海底电缆工程项目，充分利用我国在海洋风能方面的独特优势，服务我国清洁能源利用的国家能源战略需求。

参 考 文 献

[1] M Bacchini，M Marelli，A Orini，深水应用电缆 [C]. Versailles：Jicable11 A. 6. 3，2011.

[2] Olaf OTTE，Enrico CONSONNI，Alessandro TROLLI. 深海电力用轻铠装电缆 [C]. Versailles：Jicable 19 A. 5. 6，2019.

[3] Tomasz KOLTUNOWICZ，Frank MIDDEL，Jos VAN ROSSUM，et al. 电力电缆的生态设计——一个案例研究 [C]. Versailles：Jicable 19 - D7. 1，2019.

[4] M Marelli. 欧洲特高压直流海底电缆的研究 [C]. 北京：GEIDCO 2020 大容量直流海缆的发展和应用会议，2020.

[5] Roland D Zhang. 欧洲海底电缆项目实践 [C]. 北京：GEIDCO 2020 大容量直流海缆的发展和应用会议，2020.

[6] José COTRIM，Miguel NETO. 马德拉-波尔图-桑托特高水深海底电缆可行性研究 [C]. Versailles：Jicable 19 A7. 2，2019.

[7] R Rendina et al. 撒丁岛和意大利半岛之间 1000MW - 500kV 高压直流超深水海底电缆互连的鉴定试验计划 [C]. Iguazu：CigrèB1 - 104，2008.

[8] KOYAMA，S MAYAMA. 以扩大大型海上风电场的安装为目的的创新和大规模的高压直流电缆系统的总体系统发展，CIGRE 2020，B1 - 108，2020.

[9] 叶成，王海洋，杜强，等. 大水深海底电缆阻水导体技术研究 [J] 电力设备管理，2021 (4)：189 - 191.

[10] 张洪亮，张建民，谢书鸿，等. 高压直流陆缆及海缆用大截面型线导体纵向阻水方式研究及验证 [J]. 高电压技术，2017，43 (11)：3626 - 3633.

[11] 赵囿林，张建民，胡明，等. 大长度 500 kV XLPE 超高压海底电缆关键技术研究，电线电缆，2020 (2)：12 - 16，24.

[12] F Dinmohammadi，et al.. Predicting Damage and Life Expectancy of Subsea Power Cables in Offshore Renewable Energy Applications，[J] IEEE Access，2019 (7)：54658 - 54669.

[13] Thomas Worzyk. Submarine Power Cables Design，Installation，Repair，Environmental Aspects [M]. Berlin：Springer，2009.

[14] W Tang，D Flynn，K Brown，et al. The Design of a Fusion Prognostic Model and Health Management System for Subsea Power Cables [C]. Seattle：OCEANS 2019 MTS/IEEE SEATTLE，2019.

[15] 吴正明，何苧，陈科新，等. 一种基于分布式光纤测温原理的海底电缆埋深估计算法：202011523132. 4 [P]. 2020 - 3 - 23.

[16] 林晓波，胡凯，史令彬，等. 海底电缆运行维护新技术研究//第十届长三角电机、电力科技分论坛论文集 [C]. 舟山：第十三届长三角电机、电力科技分论坛，2013.

[17] Chen B，Li R，Bai W，et al. Application Analysis of Autonomous Underwater Vehicle in Submarine Cable Detection Operation [J]. Proceedings of the 2018 International Conference on Robotics，Control and Automation Engineering. ACM，2018：71 - 75.

[18] Taormina B，Bald J，Want A.，et al. A review of potential impacts of submarine power cables on

the marine environment: Knowledge gaps, recommendations and future directions [J]. Renewable and Sustainable Energy Reviews, 2018, 96: 380-391.

[19] 刘春光，张树森，周东荣，等. 国外海底机械式开沟机技术进展 [J]. 海洋工程装备与技术，2019，6 (2)：517-523.

[20] 张树森，汪淳，葛彤. 海底冲射式开沟机技术进展 [J]. 船海工程，2014，43 (3)：176-182.